约法三章

用行为契约和孩子
一起养成好习惯

[美] 吉尔·C.达迪格
（Jill C. Dardig）
威廉·L.休厄德
（William L. Heward） 著

[西] 艾伯特·皮尼利亚
（Albert Pinilla） 图

宋 玲 译

华夏出版社
HUAXIA PUBLISHING HOUSE

北京市版权局著作权合同登记号：图字 01-2024-3699 号

图书在版编目（CIP）数据

约法三章：用行为契约和孩子一起养成好习惯 /（美）吉尔 C.达迪格（Jill C.Dardig），（美）威廉 L.休厄德（William L. Heward）著；宋玲译. -- 北京：华夏出版社有限公司，2024. ISBN 978-7-5222-0761-2

Ⅰ. B842.6；G78

中国国家版本馆 CIP 数据核字第 2024TH3013 号

约法三章：用行为契约和孩子一起养成好习惯

作　　者	［美］吉尔·C.达迪格　［美］威廉·L.休厄德	
译　　者	宋玲	
责任编辑	马佳琪	

出版发行	华夏出版社有限公司	
经　　销	新华书店	
印　　装	三河市万龙印装有限公司	
版　　次	2024 年 10 月北京第 1 版	
	2024 年 10 月北京第 1 次印刷	
开　　本	880×1230　1/32 开	
印　　张	6.5	
字　　数	100 千字	
定　　价	69.00 元	

华夏出版社有限公司　　地址：北京市东直门外香河园北里 4 号

邮编：100028　网址：www.hxph.com.cn

电话：（010）64663331（转）

若发现本版图书有印装质量问题，请与我社营销中心联系调换。

推荐语

《约法三章》给了我很大的启发。读完这本书的第二天，我对自己的育儿方式做了一些调整，在经历了非常艰难的几天之后，我与不会说话的儿子度过了美好的一天。书中对专业术语的解释通俗易懂，而且情景设定很容易引起家长的共鸣。我向神经多样性孩子和普通孩子的家长强烈推荐这本书。

——洛里·乌努姆（Lorri Unumb）

孤独症服务提供者委员会首席执行官

《约法三章》是一本全面且引人入胜的指南，它能帮助家庭通过契约法把消极的行为和情况变积极。这本书清晰地勾勒出开发有效契约的步骤，并提供了鉴别潜在漏洞的实例，能确保契约得以成功实施。大量的实例、插图和契约样本让原本复杂的主题易于阅读和理解。

——林恩·克恩·凯格尔（Lynn Kern Koegel，Ph.D.）

斯坦福医学院教授

《征服孤独症》和《在谱系障碍中成长》的合著者

儿童电视工作坊芝麻街奖获得者

如果要问 30 年来与孩子及其家庭打交道的经历让我认识到了什么，那就是尊重孩子的观点并采纳他们的意见的家长，尤其是那些在乎自身的期望是否明确，以及对孩子达成这些期望的奖励 / 认可是否公平的家长，他们的家庭更幸福。有很多方法可以实现这一点，其中最有分量也最有效的一个方法就是行为契约。想要获得一个清晰、容易理解（且便于实施）的指南，再没有比阅读这本由两位在儿童和家庭领域广受尊敬的资深人士撰写的、令人愉快的书更好的选择了。

——帕特里克·C.弗里曼（Patrick C. Friman，Ph.D.，ABPP[1]）
男孩镇行为健康中心副总裁

这本书触动了我的心。达迪格博士和休厄德博士带着无尽的温柔和尊重，邀请众多的家庭踏上了一段共同成长之旅。他们提供重要而实用的指导，帮助家长和孩子驾驭可能的行动、期望和后果。最重要的是，他们树立了清晰、有爱和有责任心的典范，这些都是最好的行为改变计划所必须的。

——沙赫拉·阿拉伊 - 罗萨莱斯
（Shahla Ala' i-Rosales，Ph.D.，BCBA-D）
北得克萨斯大学家庭和谐研究员

---

1 译注：ABPP 是指通过美国职业心理学委员会（American Board of Professional Psychology）认证，获得相应证书的心理学家。

哇！吉尔·达迪格和比尔·休厄德为父母、祖父母、叔叔、阿姨和其他花时间与孩子打交道的人精心制作了一份了不起的指南。通过幽默、真实的例子，《约法三章》分享了一个久经考验的策略——契约法，用于推动积极的行为、分担责任和自我管理。无论是在提高学业表现、完成家务活，还是在实现个人目标方面，《约法三章》一定对你和孩子大有裨益。

——珍妮特·S. 特怀曼（Janet S. Twyman，
Ph.D.，BCBA，LBA）
Blast 学习科学公司创始人

吉尔·达迪格和比尔·休厄德以一种令人着迷的叙述语言，巧妙地说明了订立和实施行为契约的实用指导原则。这项技术牢牢地扎根于科学原理，并在他们的手中不断焕发新颜，变成了一个有趣的学习机会，任何家庭成员都可以借此成功地改变行为或实现个人目标。虽然这份宝贵的资源是为父母准备的，但对于那些希望有一个经过验证的、积极的行为改变方法的照顾者和专业人员来说，也同样有用。

——阿米里斯·迪普利亚（Amiris Dipuglia，MD，BCBA）
教育顾问/家长顾问
宾夕法尼亚州培训和技术援助网络

如果你已为人父母，今天就阅读这本书吧！风趣幽默的故事情节提供了一份"路线图"，指引所有家庭成员建立起健康的沟通、完成目标设定和实现积极的行为转变。达迪格博士和休厄德博士将研究性的程序转化成积极的育儿工具，用于培养对自身行为负责的孩子。令人惊叹的是，这本书的上一版已经被翻译为 10 种语言，仍在发行。虽然《约法三章》中的例子彻底更新了，但其背后的原理是一脉相承的，为家长提供帮助已经超过 45 年了。

——布里奇特·A. 泰勒（Bridget A. Taylor，PsyD.，BCBA-D）

阿尔派学习团队联合创始人兼首席执行官

《约法三章》是行为科学为家庭提供的最佳范例。两位作者围绕"当孩子在行为中挣扎时该怎么办"这一问题，为父母和照顾者提供了实用且积极的指导。这本书涵盖了各式各样的家庭互动和问题，为读者提供了丰富且现实的相关信息。

——费尔南多·阿门达里兹（Fernando Armendariz，

Ph.D.，BCBA-D）

FABAS[1] 公司董事

---

1 译注：FABAS 全称为 FUNCTIONAL APPLIED BEHAVIOR ANALISIS SPECIALI-STS，即功能性应用行为分析专家，是一家为家庭和学校提供行为分析指导服务的公司，支持家长和教师在自然情境中实施积极的行为干预。

吉尔·达迪格和比尔·休厄德做了一项了不起的工作，他们帮助家长和孩子以契约的方式分步骤地改善他们的生活。家长（和专业人员）可以借鉴《约法三章》中的故事和表格样本轻松地为任何年龄或任何能力水平的孩子创建和调整契约。

——玛丽·林奇·巴伯拉（Mary Lynch Barbera，
Ph.D.，RN[1]，BCBA-D）
畅销书作家，代表作《逆风起航》[2]

通过阅读这本佳作，读者得以了解家庭成员是如何加深对彼此的了解，进而创建一项改善整个家庭生活的计划的。

——达内尔·拉塔尔（Darnell Lattal，Ph.D.）
ABA 技术公司首席执行官

---

1 译注：RN 全称为 Registered Nurse，即注册护士。
2 编注：《逆风起航》（*Turn Autism Around*）中文简体版于 2023 年由华夏出版社有限公司出版。

致　谢

　　我们特别感激理查德·马洛特博士（Richard Malott）和唐纳德·惠利博士（Donald Whaley）。这两位先驱致力于将应用行为理论实践于改善人们的生活，他们曾在西密歇根大学教授心理学课程，为当时还是本科生的比尔打开了通往行为分析的大门。不仅如此，他们还认为我们通过儿童故事向家庭推广契约法的提议值得支持，本书的前身《爱的合约》（*Sign Here*）便是由马洛特和惠利的公司 Behaviordelia 出版的。沃尔特·巴布博士（Walter Barbe）当时是《天才少年》（*Highlights for Children*）杂志的主编，他在如何编写让儿童及其家长感兴趣的故事方面给我们提供了宝贵的建议，并为《爱的合约》撰写了前言。

　　我们感谢迈克尔·卡布勒博士（Michael Kabler）、詹姆斯·诺曼博士（James Norman）和罗伯特·施鲁斯贝里博士（Robert Shrewsberry），他们在其博士学位论文中使用《爱的合约》作为教学研究素材，为契约法的研究和发展做出了贡献。

对于那些翻译出版《爱的合约》，让世界各地的家庭都能用上它的个人和组织，我们心怀感激[1]。我们的全球合作伙伴包括：

俄罗斯莫斯科的皮罗戈夫俄罗斯国立研究医科大学（Pirogov Russian National Research Medical University）的尼古拉·阿利波夫博士（Nikolay Alipov）。

墨西哥埃莫西约市沃尔登中心（Walden Center）的埃斯特班·阿门达里兹博士（Esteban Armendariz）和费尔南多·阿门达里兹博士（Fernando Armendariz，BCBA-D）；

罗马尼亚布加勒斯特市孤独症之声（Autism Voice）的安卡·杜米特雷斯库（Anca Dumitrescu，BCBA）；

意大利奥塔维亚诺镇残疾人研究、培训和信息研究所（Institute for Research, Training and Information on Disabilities）的乔瓦尼·马里亚·瓜佐博士（Giovanni Maria Guazzo，BCBA）；

中国广州市中山大学的认证行为分析师廖旖旎博士；

菲律宾马尼拉市 ABA 培训解决方案（ABA Training Solutions）的凯瑟琳·门多萨（Kathryn Mendoza，BCBA）和伊恩·拉塞尔·门多萨（Ian Russel Mendoza）；

捷克共和国布尔诺市马萨里克大学（Masaryk University）的卡雷尔·潘科沙（Karel Pancocha，BCBA）；

---

1 编注：关注"华夏特教"微信公众号，获取本书相关电子资源，了解更多翻译版本信息。

波兰华沙市斯科拉里斯基金会（Fundacja Scolaris）的玛尔塔·西罗卡－罗加拉（Marta Sierocka-Rogala，BCBA）；

日本函馆市漫画作家／艺术家田村绫子（Ayako Tamura）；

亚太 ABA 网络（Asia-Pacific ABA Network）的田中樱子博士（Sakurako Tanaka，BCBA-D）；

爱尔兰都柏林圣三一大学（Trinity College Dublin）的吴莉（Li Wu）。

把《爱的合约》改编为《约法三章》是团队努力的成果。我要向《盲点：学生失败的原因以及可以拯救他们的科学》（*Blind Spots: Why Students Fail and the Science That Can Save Them*）一书的作者——金伯莉·尼克斯·贝伦斯博士（Kimberly Nix Berens）致以诚挚的问候，是她把我们介绍给了集合图书工作室（The Collective Book Studio）。出版公司的创始人安杰拉·恩格尔（Angela Engel）和版权采购编辑伊丽莎白·扎克（Elisabeth Saake）对制作有意义的图书充满了极富感染力的热情。设计师戴维·迈尔斯（David Miles）和插画家艾伯特·皮尼利亚（Albert Pinilla）把我们的文本变成了这本精美的图书。文字编辑梅格·邓德勒（Meg Dendler）和塔马·施瓦茨（Tamar Schwartz）对我们的手稿进行了最后的调整。

策划编辑伊丽莎白·多尔蒂（Elizabeth Dougherty）给予我们及大的鼓励、热情和有益的指导。伊丽莎白的编辑专业技能在每一页上都展现得淋漓尽致。和她一起工作非常愉快，我们会很怀念每周的书稿讨论会。

莫伊拉·康拉德（Moira Konrad，Ph.D.）是一位优秀的贝塔读者[1]，她提供的许多中肯的建议已被我们采纳。

我们还要特别感谢凯瑟琳·莫里斯持续不断地支持和鼓励。她的力作《让我听见你的声音》[2]的影响力很大，一直在向世界各地的家长们传递一个信息：基于 ABA 的孤独症儿童教育与治疗是有效的。

最后，也是最重要的，感谢这些年来与我们一起工作和学习的所有家庭。他们的经历和见解带给了我们许多宝贵的启迪。我们很高兴能通过这本书与你共享。

---

1 译注：贝塔读者（beta reader），是指在图书出版之前，以普通读者的角度阅读书稿，并提供反馈意见，帮助作者进一步打磨作品的第二批试读读者。第一批试读读者被称为阿尔法读者（alpha reader）。
2 编注：《让我听见你的声音》（Let Me Hear Your Voice）中文简体版于 2018 年由华夏出版社有限公司出版。

目 录

推荐序

养育子女——人生最艰巨的工作之一

一份写给孩子及其家长的契约书？这本书的主题乍一看多少有点古怪。但是，一些家庭可能正对孩子反复出现的行为问题束手无措，这不正是我们每个人在抚养孩子的过程中都会遇到的情况吗？所以我向大家强烈推荐这本书。

首先，孩子的问题行为不仅会打破宁静祥和的家庭生活氛围，而且会影响孩子自身的幸福感，作者提出了一个既实用又得到了研究支持的方法，可以帮助孩子成功地应对这类行为。如果你家中那个蹒跚学步的孩子经常通过发脾气达到目的，或者你家那个即将步入青春期的孩子因为沉迷社交媒体而忽略了家庭作业，那么采纳一些经过时间检验的有效建议，能帮助你轻松自如地处理这些情况，以及许多其他具有挑战性的情况。

其次，我要介绍的两位"顾问"是吉尔·达迪格（Jill

Dardig）和比尔·休厄德（Bill Heward）[1]，他们是曾与我合作出版过几本著作的同事，也是我有幸称之为朋友的人。他们二人都在普通教育、特殊教育和行为分析领域积累了数十年的知识和经验，并且一生致力于帮助家庭和孩子。站在个人的角度看，我认为他们谦逊、慷慨，他们投身孤独症事业不是为了个人的荣誉，也从不追名逐利（在特殊教育中有"利"可图吗？），而是为了给挣扎中的家长和孩子带来有效的干预策略。

他们总结出的主要策略是家长与孩子签订一份书面契约，如果兄弟姐妹愿意，也可以让他们与孩子签订契约，甚至让孩子与自己签约。针对不会阅读或年幼的孩子，家长可以用图像描绘契约内容，以图画或照片替代文字。

这种处理方式的核心是两个能够决定干预有效性的基本要素。第一个要素是要为孩子设定明确的期望。孩子就是孩子，他们的行为不论是变好还是变坏，自然都带着一股孩子气，除非有人明确地告诉他们在特定的情境中对他们的期望是什么。如果没有人温和、友善、直截了当地教导他们该做什么，我们又怎么指望他们在教堂或餐桌上举止得体呢？他们可能偶尔会表现得体，但由此认为孩子仅凭耳濡目染或模仿就能学会这些规矩，多半是不切实际的想法。如果有一个富有同理心的成人愿意事先设定好这些期望，将会极大地推进这个学习过程。

第二个要素是要在孩子达到了这些期望的时候强化

---

1 译注：比尔·休厄德即指本书作者威廉·休厄德。

（reinforce）或奖励他们。应用行为分析（Applied Behavior Analysis，ABA）的名声一直不太好，这是因为人们认为它通过一套奖惩系统把孩子训练得像机器人一样只会服从。然而，如果付出了努力，却没有得到报酬，或者没有获得某种满足感，即使是无私的人，也会失去工作的动力。如果我们把事情做对或做好了，却得不到一点儿回报或快乐，那么这样做是为了什么？对孩子的努力给予某种形式的奖励不是贿赂，而是正面强化，并且这么做效果显著，比严厉的训斥和惩罚都要有效得多。奖励甚至不必是具体的东西。孩子会对称赞的话语做出回应，当他们的努力得到认可时，他们会表现得更加积极。

养育快乐、有行动力的孩子是人生最艰巨的工作之一。对此没有任何一本书，也没有任何一位家长能给出完美的解决方案，但是在我们努力达成目标的路上，这本书能提供一些非常实用又有效的指导原则。

养育快乐、有行动力的孩子是人生最艰巨的工作之一。对此没有任何一本书，也没有任何一位家长能给出完美的解决方案，但是在我们努力达成目标的过程中，这本书能提供一些非常实用又有效的指导原则。

凯瑟琳·莫里斯（Catherine Maurice）
畅销书作者，代表作《让我听见你的声音：
一个家庭战胜孤独症的故事》

前　言

故事的全球影响力

在职业生涯的早期，我们在马萨诸塞州西部协助创建了一个针对残障幼儿的早期干预项目。该项目服务的大多数儿童都被诊断为孤独症，他们伴有严重的问题行为，在家中和之前就读的学校制造了不少混乱，这给他们的家长带来了巨大的压力。比尔是这个项目的首席教师（lead teacher）。吉尔则通过每周一次的小组会议和家访，向家长传授科学的行为改变原理和技巧，并给他们示范如何运用课堂上学到的知识。

吉尔欣喜地发现，大多数家长都很容易理解这些循证原理，并很乐意把它们应用到孩子身上。许多家长在使用契约法后获得了非同寻常的成功。他们告诉吉尔，契约的制订和执行都很容易，他们和孩子都很喜欢签订契约。

虽然吉尔对这些积极的结果感到高兴，但那时，只有少数家长接受过正式的培训，大多数家庭对实用的积极育儿工具如饥似渴，吉尔为自己没能接触到更多的家长受众而沮丧，她希望找到一种方法，让更多的家庭，能以经济实惠的方式直接获取这些有用的工具，尤其是那些没有获得支持性服

即使家庭成员们只是坐下来，倾听彼此的担忧和愿望，这本书也算是取得了巨大的成功。

务却又真正需要帮助的孩子的家长。她想知道一本故事书是否可以帮助一个家庭自学使用行为契约。家长或大一点的孩子可以自己阅读这些故事，了解行为契约的运作过程，或者家长可以给年幼的孩子读这些故事，教他们如何从中受益。比尔很喜欢这个主意。

因此，我们合著了《爱的合约：给家长和孩子的一本行为合约》一书。《爱的合约》首次出版于1976年，以平白易懂的语言、有趣的例子和插图讲述了一个家庭——两个在职父母和三个孩子——如何学习用行为契约解决问题和改善亲子互动的故事。

不久之后，美国俄亥俄州立大学先后有三位博士在学位论文研究中使用《爱的合约》一书，作为在家庭和学校环境中教授行为契约的教学素材，他们的研究均取得了积极的成果。

我们整合了这些研究成果，并把它们增补到1981年推出的《爱的合约（第2版）》中。

《爱的合约》现在已经被翻译成十种语言，被世界各地成千上万个家庭所阅读并从中受益。译者们根据本国的文化规范和当代家庭生活的特点，对故事内容进行了适当的修改，最终的成品都焕发出新意，充满了启迪。例如，中文版配有精美的全彩插图，日文版则是一部别出心裁的漫画书。

　　在《约法三章》这本新书中，我们对这些故事进行了更新和补充，力图覆盖包括残障儿童家庭在内的各种家庭状况。为了便于实施，我们还把创建契约的指导说明分解为四个关键步骤：挑选任务、选择奖励、订立契约和履行契约。

　　最重要的是，我们希望使用本书的家庭都能发现签订契约的乐趣。即使家庭成员们只是坐下来，倾听彼此的担忧和愿望，这本书也算是取得了巨大的成功。

吉尔·C. 达迪格（Jill C. Dardig）

威廉·L. 休厄德（William L. Heward）

导言
契约法与如何使用本书

从本质上讲，契约是两个人之间的书面协议，它约定了双方要做的事。例如，你可能同意以某个价格购买一辆车或一套房，卖家也接受这个价格。一份已签署的契约记录了这场交易，并让它得到了正式的确认。

在这本书中，我们会探讨一种不寻常的契约——行为契约（behavior contract，也被称为依联契约），它专注于以一种非惩罚性的积极方式改变你和孩子的行为。行为契约的核心部分是孩子承诺完成的任务和他们完成这个任务后会得到的奖励。

要想让孩子与你合作解决行为问题、实现个人目标，使用行为契约就是一个简单而高效的途径。支持契约法的证据很充分。除了我们在《爱的合约》一书中介绍过的三篇帮助传播和完善契约法的论文（详见"前言"）以外，许多调查研究也证实了在学校、临床和家庭环境中与孩子签订契约的有效性（见"参考文献"[1])。

虽然契约法已被证明是一种能有效改善家庭气氛的通用技巧，但它不是灵丹妙药，也不适用于所有情境。有效的契约，作为一种短期的激励手段，可以推动家庭成员形成更融洽的关系和更积极的互动模式。当孩子开始体验到完成任务和使用新学技能本身所带来的自然奖赏（natural rewards）时，大多数契约就可以逐步解除了。

家长阅读指南

让我们仔细看看这本书的结构，并考虑一下你想怎么阅读它。

我们在撰写时把《约法三章》的内容分成了两个部分：第一部分包含九个儿童故事，第二部分是教家长如何操作。

你可以（和孩子一起）先阅读第一部分的儿童故事，再阅读第二部分（制订你们自己的契约）。

你也可以直接进入第二部分，了解行为契约从订立到履行的每一个环节，必要时再去参考文中提及的故事，或者先把故事放一放，等你读完关于如何操作的全部内容之后再阅读它们。

以下是关于各部分内容的详细介绍。

---

1 编注：关注"华夏特教"微信公众号，可获取本书在线资源。

第一部分：一起阅读（儿童故事）

九个儿童故事叙述了四个家庭如何利用契约实现目标和解决各种问题的全过程，这为读者们提供了一个关于如何与孩子订立各种行为契约的微型课程。此外，这些故事还讲述了使用契约可能会引发的常见问题以及如何解决它们。

这些故事是相互关联的，但你可以单独阅读，按照任意顺序。你可能想给孩子读一个或多个故事，或者和孩子一起阅读。大一点的孩子可能会喜欢独立阅读这些插图故事。

每个故事后面都会列出"让我们聊一聊"的话题，你可以与孩子围绕这些问题展开讨论。

第二部分：制订自己的契约（家长如何做）

本书的第二部分包含针对家长的操作指南。其中前五章涵盖了关于契约法的基础知识和创建行为契约要采取的步骤：

- 什么是契约法
- 挑选任务
- 选择奖励
- 订立契约
- 履行契约

最后两章讨论了一些特殊情况：

- 为不会阅读的孩子提供图片契约
- 如果孩子不愿意尝试契约法

故事与操作步骤的关系

介绍如何做的章节引用了相关的故事。这里概述一下它们的关联方式和关键的学习要点。

- 在"游戏暂停"中，杰夫（10岁）签了一份契约，内容是收拾他凌乱的房间。你会学到：如何构建以任务、奖励和任务记录这三个部分为主体的契约。

- 在"漏洞"中，杰夫测试了他的房间整理契约的约束范围，并对他的家人开了个玩笑。你会学到：如何具体说明任务的细节，让每个人都了解它们指的是什么，以及调整不起作用的契约。

- 在"数字问题"中，佩里（10岁）想在数学上取得更好的成绩。你会学到：如何通过自我契约（self-contract）提高学习能力，以及如何选对任务，取得成功。

- 在"宠物危机"中，有孤独症的马娅（4岁）学会了善待宠物。你会学到：如何为不会阅读的孩子制定图片契约，以及如何系统地设置奖励才会生效。

- 在"林恩出份力"中，林恩（14岁）的父母在外工作，她需要在放学后准备晚餐。你会学到：如何签订家务劳动的契约。

- 在"我自己来"中，有孤独症的康纳（10岁）很难按时赶上校车。你会学到：如何使用文字和照片制订契约，以及列一份孩子可以照着做的清单。

书号	书名	作者	定价
	融合教育		
0686	孤独症儿童融合教育生态支持的本土化实践创新	王红霞	98.00
*0561	孤独症学生融合学校环境创设与教学规划	[美]Ron Leaf 等	68.00
*0652	融合教育教师手册	[美]Julie Causton 等	69.00
*0709	融合教育助理教师手册（第2版）		69.00
*9228	融合学校问题行为解决手册	[美]Beth Aune	30.00
*9318	融合教室问题行为解决手册		36.00
*9319	日常生活问题行为解决手册		39.00
*9210	资源教室建设方案与课程指导	王红霞	59.00
*9211	教学相长：特殊教育需要学生与教师的故事		39.00
*9212	巡回指导的理论与实践		49.00
9201	你会爱上这个孩子的！：在融合环境中教育孤独症学生（第2版）	[美]Paula Kluth	98.00
*0013	融合教育学校教学与管理	彭霞光、杨希洁、冯雅静	49.00
0542	融合教育中自闭症学生常见问题与对策	上海市"基础教育阶段自闭症学生	49.00
9329	融合教育教材教法	吴淑美	59.00
9330	融合教育理论与实践		69.00
9497	孤独症谱系障碍学生课程融合（第2版）	[美]Gary Mesibov	59.00
8338	靠近另类学生：关系驱动型课堂实践	[美]Michael Marlow 等	36.00
*7809	特殊儿童随班就读师资培训用书	华国栋	49.00
8957	给他鲸鱼就好：巧用孤独症学生的兴趣和特长	[美]Paula Kluth	30.00
*0348	学校影子老师简明手册	[新加坡]廖越明 等	39.00
*8548	融合教育背景下特殊教育教师专业化培养	孙颖	88.00
*0078	遇见特殊需要学生：每位教师都应该知道的事		49.00
	生活技能		
*5222	学会自理：教会特殊需要儿童日常生活技能（第4版）	[美] Bruce L. Baker 等	88.00
*0130	孤独症和相关障碍儿童如厕训练指南（第2版）	[美]Maria Wheeler	49.00
*9463	发展性障碍儿童性教育教案集/配套练习册	[美] Glenn S. Quint 等	71.00
*9464	身体功能障碍儿童性教育教案集/配套练习册		103.00
*0512	孤独症谱系障碍儿童睡眠问题实用指南	[美]Terry Katz 等	59.00
*8987	特殊儿童安全技能发展指南	[美]Freda Briggs	42.00
*8743	智能障碍儿童性教育指南		68.00
*0206	迎接我的青春期：发育障碍男孩成长手册	[美]Terri Couwenhoven	29.00
*0205	迎接我的青春期：发育障碍女孩成长手册		29.00
*0363	孤独症谱系障碍儿童独立自主行为养成手册（第2版）	[美]Lynn E.McClannahan 等	49.00
	转衔|职场		
*0462	孤独症谱系障碍者未来安置探寻	肖扬	69.00
*0296	长大成人：孤独症谱系人士转衔指南	[加]Katharina Manassis	59.00
*0528	走进职场：阿斯伯格综合征人士求职和就业指南	[美]Gail Hawkins	69.00
*0299	职场潜规则：孤独症及相关障碍人士职场社交指南	[美]Brenda Smith Myles 等	49.00
*0301	我也可以工作！青少年自信沟通手册	[美]Kirt Manecke	39.00
*0380	了解你，理解我：阿斯伯格青少年和成人社会生活实用指南	[美]Nancy J. Patrick	59.00

社交技能

*0575	情绪四色区：18节自我调节和情绪控制能力培养课	[美]Leah M.Kuypers	88.00
*0463	孤独症及相关障碍儿童社会情绪课程	钟卜金、王德玉、黄丹	78.00
*9500	社交故事新编（十五周年增订纪念版）	[美]Carol Gray	59.00
*0151	相处的密码：写给孤独症孩子的家长、老师和医生的社交故事		28.00
*9941	社交行为和自我管理：给青少年和成人的5级量表	[美]Kari Dunn Buron 等	36.00
*9943	不要！不要！不要超过5！：青少年社交行为指南		28.00
*9942	神奇的5级量表：提高孩子的社交情绪能力（第2版）		48.00
*9944	焦虑，变小！变小！（第2版）		36.00
*9537	用火车学对话：提高对话技能的视觉策略	[美] Joel Shaul	36.00
*9538	用颜色学沟通：找到共同话题的视觉策略		42.00
*9539	用电脑学社交：提高社交技能的视觉策略		39.00
*0176	图说社交技能（儿童版）	[美]Jed E.Baker	88.00
*0175	图说社交技能（青少年及成人版）		88.00
*0204	社交技能培训实用手册：70节沟通和情绪管理训练课		68.00
*0150	看图学社交：帮助有社交问题的儿童掌握社交技能	徐磊 等	88.00

与星同行

0732	来我的世界转一转：漫话 ASD、ADHD	[日]岩濑利郎	59.00
*0428	我很特别，这其实很酷！	[英]Luke Jackson	39.00
*0302	孤独的高跟鞋：PUA、厌食症、孤独症和我	[美]Jennifer O'Toole	49.90
*0408	我心看世界（第5版）	[美]Temple Grandin 等	59.00
*7741	用图像思考：与孤独症共生		39.00
*9800	社交潜规则（第2版）：以孤独症视角解读社交奥秘		68.00
0722	孤独症大脑：对孤独症谱系的思考		49.90
*0109	红皮小怪：教会孩子管理愤怒情绪	[英]K.I.Al-Ghani 等	36.00
*0108	恐慌巨龙：教会孩子管理焦虑情绪		42.00
*0110	失望魔龙：教会孩子管理失望情绪		48.00
*9481	喵星人都有阿斯伯格综合征	[澳]Kathy Hoopmann	38.00
*9478	汪星人都有多动症		38.00
*9479	喳星人都有焦虑症		38.00
9002	我的孤独症朋友	[美]Beverly Bishop 等	30.00
*9000	多多的鲸鱼	[美]Paula Kluth 等	30.00
*9001	不一样也没关系	[美]Clay Morton 等	30.00
*9003	本色王子	[德]Silke Schnee 等	32.00
9004	看！我的条纹：爱上全部的自己	[美]Shaina Rudolph 等	36.00
*0692	男孩肖恩：走出孤独症	[美]Judy Barron 等	59.00
8297	虚构的孤独者：孤独症其人其事	[美]Douglas Biklen	49.00
9227	让我听见你的声音：一个家庭战胜孤独症的故事	[美]Catherine Maurice	39.00
8762	养育星儿四十年	[美]蔡张美铃、蔡逸周	36.00
*8512	蜗牛不放弃：中国孤独症群落生活故事	张雁	28.00
*9762	穿越孤独拥抱你		49.00
0614	这就是孤独症：事实、数据和道听途说	黎文生	49.90

经典教材|学术专著

*0488	应用行为分析（第3版）	[美]John O. Cooper 等	498.00
*0470	特殊教育和融合教育中的评估（第13版）	[美]John Salvia 等	168.00
*0464	多重障碍学生教育：理论与方法	盛永进	69.00
9707	行为原理（第7版）	[美]Richard W. Malott 等	168.00
*0449	课程本位测量实践指南（第2版）	[美]Michelle K. Hosp 等	88.00
*9715	中国特殊教育发展报告（2014-2016）	杨希洁、冯雅静、彭霞光	59.00
*8202	特殊教育辞典（第3版）	朴永馨	59.00
0490	教育和社区环境中的单一被试设计	[美]Robert E.O'Neill 等	68.00
0127	教育研究中的单一被试设计	[美]Craig Kenndy	88.00
*8736	扩大和替代沟通（第4版）	[美]David R. Beukelman 等	168.0
9426	行为分析师执业伦理与规范（第4版）	[美]Jon S. Bailey 等	85.00
*8745	特殊儿童心理评估（第2版）	韦小满、蔡雅娟	58.00
0433	培智学校康复训练评估与教学	孙颖、陆莎、王善峰	88.00

新书预告

出版时间	书名	作者	估价
2024.10	孤独症儿童沟通能力早期培养	[美]Phil Christie 等	58.00
2024.10	融合教育实践指南：校长手册	[美]Julie Causton	58.00
2024.10	孤独症儿童家长辅导手册	[美]Sally J. Rogers 等	98.00
2024.12	儿童教养的105个秘诀	林煜涵	39.00
2024.12	面具下的她们：ASD女性的自白	[英] Sarah Hendrickx 等	49.90
2024.12	看见她们：ADHD女性的困境	[瑞]Lotta Borg Skoglund 等	49.90
2024.12	孤独症儿童游戏和语言PLAY早期干预指南	[美]Richard Solomon	49.00
2024.12	特殊教育和行为科学中的单一被试设计	[美]David Gast	68.00
2024.12	融合班级中的特殊需要学生	[美] TobyKarten	49.00
2025.02	沟通障碍导论（第7版）	[美]Robert E. Owens 等	198.00
2025.02	优秀行为分析师的25项基本技能	[美]Jon S. Bailey 等	68.00
2025.04	融合班级中的孤独症学生	[美]Barbara Boroson	59.00

标*书籍均有电子书

微信公众平台：**HX_SEED（华夏特教）**

微店客服：**13121907126**

天猫官网：**hxcbs.tmall.com**

意见、投稿：**hx_seed@hxph.com.cn**

关注我，看新书！ 联系地址：**北京市东直门外香河园北里4号（100028）**

华夏特教系列丛书

书号	书名	作者	定价
	孤独症入门		
*0137	孤独症谱系障碍：家长及专业人员指南	[英]Lorna Wing	59.00
*9879	阿斯伯格综合征完全指南	[英]Tony Attwood	78.00
*9081	孤独症和相关沟通障碍儿童治疗与教育	[美]Gary B. Mesibov	49.00
0713	融合幼儿园教师实战图解	[日]永富大铺 等	49.00
*0157	影子老师实战指南	[日]吉野智富美	49.00
*0014	早期密集训练实战图解	[日]藤坂龙司 等	49.00
*0116	成人安置机构 ABA 实战指南	[日]村本净司	49.00
*0510	家庭干预实战指南	[日]上村裕章 等	49.00
*0119	孤独症育儿百科（1001 个教学养育妙招（第 2 版）	[美]Ellen Notbohm	88.00
*0107	孤独症孩子希望你知道的十件事（第 3 版）		49.00
*9202	应用行为分析入门手册（第 2 版）	[美]Albert J. Kearney	39.00
*0356	应用行为分析和儿童行为管理（第 2 版）	郭延庆	88.00
	教养宝典		
*0149	孤独症儿童关键反应教学法（CPRT）	[美]Aubyn C. Stahmer 等	59.80
*0461	孤独症儿童早期干预准备行为训练指导	朱璟、邓晓蕾等	49.00
9991	做看听说（第 2 版）：孤独症谱系障碍人士社交和沟通能力	[美]Kathleen Ann Quill 等	98.00
*0511	孤独症谱系障碍儿童关键反应训练掌中宝	[美]Robert Koegel 等	49.00
9852	孤独症儿童行为管理策略及行为治疗课程	[美]Ron Leaf 等	68.00
*0468	孤独症人士社交技能评估与训练课程	[美]Mitchell Taubman 等	68.00
*9496	地板时光：如何帮助孤独症及相关障碍儿童沟通与思考	[美]Stanley I. Greensp 等	68.00
*9348	特殊需要儿童的地板时光：如何促进儿童的智力和情绪发展		69.00
*9964	语言行为方法：如何教育孤独症及相关障碍儿童	[美]Mary Barbera 等	49.00
*0419	逆风起航：新手家长养育指南	[美]Mary Barbera	78.00
9678	解决问题行为的视觉策略	[美]Linda A. Hodgdon	68.00
9681	促进沟通技能的视觉策略		59.00
*8607	孤独症儿童早期干预丹佛模式（ESDM）	[美]Sally J.Rogers 等	78.00
*9489	孤独症儿童的行为教学	刘昊	49.00
*8958	孤独症儿童游戏与想象力（第 2 版）	[美]Pamela Wolfberg	59.00
*0293	孤独症儿童同伴游戏干预指南：以整合性游戏团体模式促进		88.00
9324	功能性行为评估及干预实用手册（第 3 版）	[美]Robert E. O'Neill 等	49.00
*0170	孤独症谱系障碍儿童视频示范实用指南	[美]Sarah Murray 等	49.00
*0177	孤独症谱系障碍儿童焦虑管理实用指南	[美]Christopher Lynch	49.00
8936	发育障碍儿童诊断与训练指导	[日]柚木馥、白崎研司	28.00
*0005	结构化教学的应用	于丹	69.00
*0402	孤独症及注意障碍人士执行功能提高手册	[美]Adel Najdowski	48.00
*0167	功能分析应用指南：从业人员培训指导手册	[美]James T. Chok 等	68.00
9203	行为导图：改善孤独症谱系或相关障碍人士行为的视觉支持	[美]Amy Buie 等	28.00
*0675	聪明却拖拉的孩子：如何帮孩子提高效率	[美]Ellen Braaten 等	49.00
*0653	聪明却冷漠的孩子：如何激发孩子的动机		49.00
0703	直击孤独症儿童的核心挑战：JASPER 模式	[美]Connie Kasari 等	98.00
*0761	约法三章：用行为契约和孩子一起养成好习惯	[美]Jill C. Dardig 等	69.00

- 在"兄弟姐妹联合起来"中，杰夫与林恩签订了一份互惠互利的契约。你会学到：兄弟姐妹之间如何签订契约。

- 在"爸爸妈妈，现在轮到你们了"中，杰夫和林恩与他们的父母签订了一份契约，要求父母承认他们的成就，并停止唠叨。你会学到：家长如何转换身份，成为行为契约的改变对象。

- 在"交朋友"中，康纳因为在学校没有朋友而不开心。他的妈妈和行为分析师一起拜访了老师，希望能帮助康纳学会如何交朋友。你会学到：如何制订教授社交技能的契约，以及如何制订家校契约。

我们很高兴也很兴奋，能为你提供有关行为契约的知识和工具，帮助你扮演好家长这个重要角色。衷心地祝愿你和家人在使用契约的过程中收获积极、满意的结果！

配套网站

你在创建自己的契约时可以参考 contracting withkids.com 网站上提供的契约表格和其他可用资源。[1]

---

1 编注：关注"华夏特教"公众号，获取中文简体版空白表格及其他电子资源。

第一部分

一起阅读

游戏暂停

这个故事中，父母对孩子的期望是：放学回家后，杰夫需要保持安静，因为爸爸在上夜班之前要睡觉休息；姐姐林恩需要在妈妈回家之前就开始准备晚餐。两个孩子都知道他们应该做这些事情，但是他们经常做不到。

放学后，杰夫和佩里冒着雨，从学校一路跑到杰夫家。他俩"噔噔噔"地冲上楼，猛地推开杰夫的卧室门，"砰"的一声，门把手撞到了墙，接着又是"扑通""扑通"，两人倒在地上喘着粗气。

"既然外面在下雨，不能出去玩，我们就在房间里把课间的比赛打完吧。"佩里边说边拿起一个小篮球。

"来吧！"杰夫大喊着跳起来，伸出双臂试图阻挡佩里的投篮。

佩里在木地板上拍了几次球，迈出两大步，把球投进了安装在墙上的篮筐里。紧接着，两个男孩同时抓住球，双双摔倒在地板上，抱着球哈哈大笑。

当杰夫的爸爸乔出现在卧室门口时，欢乐的时光结束了。他看上去很不高兴，带着一脸的疲惫。

"杰夫，怎么回事？"爸爸说，"你知道我要上夜班，白天需要睡觉。游戏结束了。我们稍后再谈。"

说罢，爸爸走开了，佩里很快也离开了。

过了一会儿，杰夫发现爸爸正在卫生间里刮胡子。

"对不起，爸爸。我不是故意吵醒你的，我忘了要保持安静。"

"大多数人都很幸运，有一份白天的工作，"乔说，"而我，我晚上工作。这意味着我不得不在白天睡觉。我和你一样不喜欢这样。"

杰夫想起了爸爸早上回到家时看上去有多累，而那时，家里的其他人才刚刚开始新的一天。

"我尽量不再这样了。"

杰夫说。

"你一直这么说，可你还是在不停地吵醒我。我们必须想点别的办法解决这个问题。"

杰夫吵醒了爸爸，他感到很抱歉，而爸爸生他的气，又使他感到难过。

妈妈伊夫琳已经下班回家。杰夫知道她在家，因为她在厨房里大声叫喊，让姐姐林恩放下手机，准备做晚餐。

"嗨，妈妈，"杰夫突然走进厨房说，"你今天过得怎么样？"

"本来还算过得去，直到我回到这个乱成一团的家，看到林恩还没有开始准备晚餐，"妈妈说，"说到家务，你今天喂狗、扔垃圾了吗？"

"杰夫和他的朋友佩里又把我吵醒了。"爸爸走进厨房，又抱怨了一句。

"杰夫，我们没有要求你做多少事情，为什么你连这几件我们期望的事都做不好呢？"妈妈问。

一瞬间，杰夫觉得每个人都在欺负他。

"汪！汪！汪！"——现在轮到狗抱怨了——塔克正坐在它的空碗旁叫着。杰夫给了塔克一勺狗粮，它狼吞虎咽地吃完了。

"我们走，塔克。"杰夫说着，抓起那袋垃圾。

塔克跟着他来到了外面。杰夫扔掉了垃圾，塔克跑去叼球让杰夫陪它玩儿。塔克叼着一个明黄色的球放在杰夫的脚边，杰夫拿起球，把它扔到了院子里，塔克追着球跑出去，叼到球后又跑回杰夫身边，把球放在杰夫的脚边，塔克坐下来，摇着尾巴。

"至少你很开心，"杰夫对塔克说，"家里的其他人总是生气，我每天都会遇到麻烦。"

杰夫捡起球，又把它扔了出去。

"家里人老是互相挑毛病，我不想待在家里，还不如上学呢。"杰夫说。

就这样，杰夫和塔克玩起了捡球游戏，直到妈妈叫他回屋吃晚餐。

吃饭的时候，情况并没有好转，每个人的心情都不好，都在抱怨。

"杰夫、林恩，我自己都烦了，老得督促你俩干好自己的

事儿，"妈妈说，"我下班回到家，最不想看到的就是哪儿哪儿都乱糟糟的。"

"如果你有时间玩手机，那你就有时间把自己的东西收起来。"爸爸补了一刀。

"你们总是在对我们发号施令，"林恩忿忿不平，"做这个！做那个！"

"我受够了大家总是在互相生气。"杰夫说。

妈妈举起双手示意大家保持安静。

"够了，"她说，"大家都停下来听我说。我们都是这个家的一分子，必须一起解决这些问题。晚餐后，我们要开个家庭会议，是时候做出一些改变了。"

吃完饭，每个人都把自己的脏盘子放进洗碗机里，然后聚集到餐桌旁。

"好啦，各位，家庭会议开始了，"爸爸说，"每个人都有发言的机会。我认为，只要你们这些孩子能做好自己该做的事情，每个人都会更快乐。"

"先弄清楚我们希望你们做什么，"妈妈说，"杰夫，你放学回到家以后要保持安静，让你爸爸可以好好睡觉，打扫你的房间，喂狗，扔垃圾。"

"我是想这么做的，"杰夫说，"可是在学校待了一整天，回到家就想玩得开心点，然后我就忘了。"

"你可以尽情地玩，但是你得先做完你的那部分家务，"

爸爸说，"如果你没有做好这些事，那就不行了。"

"不只杰夫一个不做自己分内的事，"妈妈补充道，"林恩，好像我每天下班回到家时，你都在看手机。"

"妈，"林恩说，"就算我在你回家之前就开始准备晚餐，你还是会骂我手机玩得太多了。就感觉我们什么都做不好似的。"

"好，好，"妈妈说，"每个人都对一些事情感到不满。可是，我们是一家人，而且相亲相爱，对吧？我们可以一起努力，做出对每个人都有利的改变。"

"好的，妈妈。"杰夫表示同意。

"亲爱的，你说得对。"爸爸也赞同。

"我有个主意，"林恩说，"这听起来可能有点奇怪，但我们在杰克逊女士的语文课上就这么做过，而且效果非常好。"

"是什么办法？"爸爸问道，"如果你认为这个办法能奏效，我们都想听听。"

"嗯，我们跟杰克逊女士签订了完成各种任务的契约，"林恩说，"可以是按时交作业，或者读更多的书。"

"契约和我们家有什么关系？"妈妈一头雾水。

"什么是契约？"杰夫问。

"契约就是一种协议，上面写了如果你做了某件事，你就会得到某种奖励，"林恩说，"在学校，如果我们完成了老师要求我们做的任务，她就会给我们奖励。"

"我不明白为什么需要一份契约督促你做应该做的事，"

爸爸说，"我和你妈妈从来都没有跟父母签过契约。"

"的确如此，乔，但如果契约能让孩子们做我们期望的事，也许它就是我们所需要的。"妈妈说。

"契约上还会规定，当我们完成承诺的任务时，你和爸爸会给我们什么奖励。"林恩说。

"奖励？"爸爸问，"你们这些孩子就应该好好表现，不求回报。否则不就成了付钱让你做你应该做的事了嘛！"

"奖励不一定是钱，"林恩说，"奖励可以是一起做一些有趣的事。"

"如果它能让你们这些孩子更有责任感，我挺喜欢这个想法的，"爸爸说，"大家一起玩得开心，相处也会更融洽。"

"真的吗？我们可以试试吗？"林恩问。

"是的，就这么办

吧。"爸爸说。

"我们怎么订契约呀？"杰夫问。

"契约通常写在一张纸上，"林恩说，"当双方签订了契约，就意味着他们都同意契约上所说的一切。"

"可是，他们为什么会去做契约上写的事呢？一张纸怎么能让人做事呀？"杰夫不解地问。

"当你完成契约上的任务时，你会得到契约上规定的奖励，"

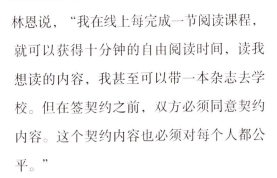

林恩说，"我在线上每完成一节阅读课程，就可以获得十分钟的自由阅读时间，读我想读的内容，我甚至可以带一本杂志去学校。但在签契约之前，双方必须同意契约内容。这个契约内容也必须对每个人都公平。"

"所以，如果我觉得与我承诺做的事相比，这个奖励不公平，我就可以不签契约。你说的是这个意思吗？"杰夫说。

"完全正确！还有一件东西可以让契约更好地发挥作用，"林恩说，"一个印章。"

"那是什么？"杰夫问。

"印章表示赞同，"林恩说，"这就像邮局在一封信上盖上'优先邮件'的戳来保证这封信会在某一天送达一样。它让这个承诺更加正式。

一旦在契约上盖上我们家的印章，它就会提醒我们，必须认真对待自己答应过的事。"

"那我们家的印章是什么？"杰夫追问道。

"这就是契约的一个有趣之处，"林恩说，"印章通常很个性化，可以是一个图案，也可以是其他任何东西。既然你喜欢画画，可以由你来制作我们家的印章。"

"好啦，爸爸、妈妈，"林恩继续说道，"既然你们愿意尝试签契约，我就自愿签第一份契约。"

"我也想要签。"杰夫说。

"那好，"爸爸说，"你们没理由不签。"

"我的任务是帮忙准备晚餐。"林恩说。

"我的任务是放学回到家后不吵醒爸爸。"杰夫说。

"我们为什么不先好好想想自己希望在契约上写些什么呢？"妈妈说，"明天晚上，我们就可以把它做出来。"

"我还会做一个印章，盖在契约上，用来提醒大家我们是在做一个很严肃的承诺。"杰夫说。

杰夫回到自己的房间去画印章。他推开桌上的一堆东西，拿出彩色铅笔，开始勾勒不同的想法。他画了好几个草稿才最终定稿。

第二天一大早，杰夫邀请所有人到他的房间观看他们家独有的印章。他把它贴在了墙上，并用一张白纸遮住了它。在大家的注视下，杰夫取下了那张白纸，露出了印章——那是一幅他们家房子的素描画。

"太美了，杰夫。"妈妈赞不绝口。

"哇，这是一个很不错的印章。"林恩说。

"我也喜欢，"爸爸说，"但我不喜欢这个房间，它太乱了。"

杰夫看了看自己的房间，不得不承认，它确实很乱。

"你是对的，爸爸，"杰夫说，"也许我的第一份契约应该是收拾自己的房间，而不是保持安静。"

"我觉得这是个好主意，"妈妈说，"你爸爸和我也不想总催你收拾房间。"

"拿些纸过来，杰夫。我教你怎么制订你的第一份契约。"林恩说。

不知道他是怎么做到的，杰夫最终从他桌上的一堆乱七八糟的东西下面翻出了一支钢笔和一张空白的纸。

"好吧，"林恩说，"在左边写下你要做的任务；在右边

写下完成任务后得到的奖励。"

　　杰夫写道："任务：收拾卧室。"

　　"爸爸妈妈，奖励应该写什么呀？"他问。

　　"嗯，"爸爸说，"这个怎么样——如果你整个一周都收拾了房间，周六我会和你一起度过一段特别的时光，只有你和我！"

　　"真的吗？那太酷了。"杰夫跃跃欲试。

　　杰夫写道："奖励：周六和爸爸共度特别时光。"

　　林恩解释说，最后的步骤是加盖家庭印章，签订契约。

　　杰夫郑重地在契约上"盖"了印章，然后和爸爸在底部签了名。

　　"好，我们有契约了。今天就让我们看看它怎么运作吧，"爸爸说，"你从学校回来的时候，我应该睡着了。我很期待醒来的时候看到你的房间一尘不染。"

让我们聊一聊

- 这个家庭遇到了什么问题？
- 他们为什么决定尝试签订契约？
- 你们家有没有什么问题可以通过契约解决？
- 你认为杰夫和爸爸签订的契约会奏效吗？

契约

任务	奖励
收拾卧室	周六和爸爸共度特别时光

签字：杰夫

签字：爸爸

漏洞

在"游戏暂停"中，杰夫遇到了两个麻烦：吵醒爸爸和没有收拾自己的房间。杰夫和爸爸签了一份契约，约定如果杰夫整周都能收拾好自己的房间，他们就可以在周六共度特别时光。这是接下来发生的事情。

放学后，杰夫从学校一路跑回家。他想赶在别人前面履行自己在契约中的承诺——收拾自己的房间。但当他到了家门口时，他放慢了速度，他不想动静太大吵醒爸爸。

收拾房间很容易：把吉他放回琴盒，把模型和图书放到架子上，整理床铺，把衣服收起来。他的动作很快，只花几分钟时间就做完了这一切。他必须承认，他的房间变整洁之后看起来很不错。随后，杰夫面带微笑地走向餐桌。

晚餐后，杰夫兴高采烈地要展示他整洁的房间。

"爸爸，来看看我把房间收拾得有多好，就像我在契约里承诺的那样。"

"好，好，我来了。"爸爸一边说，一边跟着儿子走进卧室。

"瞧，爸爸，我做得怎么样？"杰夫问，他对自己整洁的房间很是满意。

"现在好多了，但你的桌子还是一团糟，"爸爸说，"你要把它收拾好，才能得到收拾房间的奖励。"

"这不公平！你之前可没说我的桌子也要保持整洁啊。房间的其他地方看起来都很棒。我已经按照契约上说的，把我的房间收拾好了。"

杰夫的嗓门很大，姐姐在自己的卧室都听得一清二楚。

"我不这么看，"爸爸说，"如果你的桌子还是很乱，那你的房间就不整洁。"

"我的房间很整洁！"杰夫坚持。

就在两人僵持之际，林恩走进杰夫的房间，说："既然使用契约是我的主意，也许我能帮上忙。"

"契约行不通。"杰夫说。

"你弟弟说得对，林恩，"爸爸接话道，"我们写了一份契约，但杰夫没有履行承诺。"

"我认为契约仍然有效，"林恩说，"只是我忘了告诉你们制订契约最重要的规则——契约上面必须精准地描述任务是什么。这样一来，后面就不会有人争论任务是否完成了。问题就出在这儿。"

"你是怎么知道这些东西的？"杰夫问。

　　"我告诉我的老师我们家试着制订契约，然后她让我借了这本书，"林恩把书递给杰夫，"她说我们可以跟着它学习怎么制订契约，里面甚至还有一些现成的表格，我们可以照此样式填写自己的契约内容。"

　　"起初，"她继续说道，"我们在学校里的一些契约也不起作用，大家都不喜欢。然后老师让我们把契约写得更具体一点，效果就好多了。"

　　"有道理，"爸爸说，"杰夫，我们再写一遍你的契约，照着这本书里的例子做。看起来像增加了一个部分的内容——你应该把任务做到什么程度，这可以帮我们捋顺收拾房间到底意味着什么。"

　　紧接着，杰夫和爸爸讨论了他必须做哪些事情，并列出了以下清单：

- 把地板、床、桌子和椅子上的所有衣服捡起来，收好。
- 把吉他放进琴盒，把模型和书放在书架上。
- 清理桌面。把铅笔放到桌上的笔筒里，把家庭作业装进书包。
- 整理床铺。

然后杰夫从林恩的书里抄了一份契约表格，并在"完成标准"的下面写下了清单内容。

杰夫和爸爸都同意第二天试一试新契约。

"万一我漏掉了一天怎么办？那是不是意味着我们周六就不能共度特别时光了呢？"杰夫追问。

"我明白你的意思，"爸爸说，"人无完人。你周一到周五要收拾自己的房间，就算一周中有一天没有完成任务，仍然可以获得奖励。但只能有一天——不能再多了。"

"这听起来很公平。我打算在契约上增加一个内容，用来检查我每天是否完成了任务，这样我们就可以追踪记录了。"

杰夫完成改动后，把新的契约拿给林恩看。

"你加的这个'星期记录表'不错，"林恩称赞道，"这样你每次收拾完房间都可以打个钩做标记。这本书把这称为'任务记录'。不过，还少了一样东西。"

"还少了什么？"爸爸追问。

"如果你让杰夫详细地说明了任务的内容，你也必须明确奖励的内容。"

"你说得对，"爸爸说，"杰夫，我们在签契约之前先解

契约

任务	奖励

任务

* 执行者：杰夫
* 任务行为：收拾卧室
* 时间：每天晚餐后爸爸检查房间
* 完成标准：
  • 把地板、床、桌子和椅子上的所有衣服捡起来，收好。
  • 把吉他放进琴盒，把模型和书放在书架上。
  • 清理桌面，把铅笔放到桌上的笔筒里，把家庭作业装进书包。
  • 整理床铺。
  • 每周中有1天没有完成任务，仍能获得奖励。

奖励

* 发放人：爸爸
* 奖励内容：和爸爸共度特别时光
* 时间：周六
* 奖励细则：

  3小时，由杰夫选择：玩抛接球、打篮球、骑自行车、打棒球。

  如果杰夫愿意，他可以带上一个朋友。

周一	周二	周三	周四	周五	周一	周二	周三	周四	周五	周一	周二	周三	周四	周五

签字：__杰夫__   9月3日

签字：__爸爸__   9月3日

决这个问题。"

在"和爸爸共度特别时光"的奖励细则中，乔写下："3 小时，由杰夫选择：玩抛接球、打篮球、骑自行车。"

"把'打棒球'也写上。"杰夫说。

"可以。"爸爸在契约中加上了"打棒球"。

"我可以带一个朋友一起去吗？"杰夫试探性地问。

爸爸点点头，又写下："如果杰夫愿意，他可以带上一个朋友。"

"我每天晚餐后都会检查你的房间。"爸爸说完又写："每天晚餐后爸爸检查房间。"

"好！"杰夫说，"我会查看契约上的清单，搞清楚自己每天必须做什么。"

‥‥‥‥

第二天放学后，杰夫一回到家就直奔自己的房间。他拿起契约，开始查看自己必做的任务清单。

他一边阅读清单的第一部分，一边寻思，"嗯，我想知道，做到这样就行？"清单上面写着"把地板、床、桌子和椅子上的所有衣服捡起来，收好"。

杰夫做完了清单上的其他任务。他把吉他放进了琴盒里，并把模型和书放在了书架上。他清理了自己的桌子，把家庭作业放进了书包，接着还整理了床铺。

随后他又看了一遍第一部分——"把地板、床、桌子和椅子上的所有衣服捡起来，收好。"

"好吧，就是这么说的，所以这就是我要做的。"

杰夫收拾了散落在房间里的衣服，然后从衣柜里拿出一些衣服。在他做完这些之后，一切看起来都是他想要的样子。他关上房门，出去和他的朋友佩里打篮球了。

晚餐过后，他就会知道契约是否真的有效。

那天晚上，父母和姐姐跟着杰夫来到他的房间，检查他有没有按照契约上说的收拾。

一进房门，姐姐和妈妈就开始哈哈大笑，随后爸爸也笑开了花。

"爸爸，我这房间收拾得还不错吧？"杰夫问。

"你一定是在开玩笑！"爸爸回应道。

"哦，亲爱的，杰夫确实照契约上说的做了，"妈妈提醒道，"他把地板、床、桌子和椅子上的所有衣服都捡起来，收好了。"

而此时，杰夫的一件衬衣正悬挂在吊扇上，袜子挂在篮球筐上，内衣则搭在门把手上。

"真是个漏洞！"爸爸说。

"什么漏洞？"杰夫不解。

"漏洞就是你做的完全符合契约或规则的字面意思，但不是我们想要的结果，"爸爸说，"你钻了我们契约中的一个大

漏洞。"

　　所有人都觉得杰夫闹的笑话很好笑。

　　"但是你确实按照契约上说的做了，所以我给你一个好评，"爸爸说，"不过，我们要像林恩建议的那样，把契约写得更具体一些。"

　　"没问题，爸爸，"杰夫说，"我只是想开个玩笑，看看你和妈妈会不会真的遵守契约。"

　　杰夫拿起一支钢笔，在契约上加了一条"所有衣服必须收

契约

任务	奖励

任务

* 执行者: 杰夫
* 任务行为: 收拾卧室
* 时间: 每天晚餐后爸爸检查房间
* 完成标准:
  · 把地板、床、桌子和椅子上的所有衣服捡起来, 收好。
  · 把吉他放进琴盒, 把模型和书放在书架上。
  · 清理桌面, 把铅笔放到桌上的笔筒里, 把家庭作业装进书包。
  · 整理床铺。
  · 每周中有1天没有完成任务, 仍能获得奖励。

奖励

* 发放人: 爸爸
* 奖励内容: 和爸爸共度特别时光
* 时间: 周六
* 奖励细则:

  3小时, 由杰夫选择: 玩抛接球、打篮球、骑自行车、打棒球。

  如果杰夫愿意, 他可以带上一个朋友。

  所有衣服必须收好放在斗柜里或挂在衣柜里。 JF BB

周一	周二	周三	周四	周五	周一	周二	周三	周四	周五	周一	周二	周三	周四	周五
✕	✓													

签字: __杰夫__   9月3日

签字: __爸爸__   9月3日

好放在斗柜里或挂在衣柜里"。然后杰夫和爸爸在这条变更的条款旁边签上了各自姓名的缩写，表示他们俩都同意。

次日晚上，爸爸在检查杰夫的房间时发现，杰夫已经完成了契约上列出的所有项目。

"杰夫，每件事都做得很棒。"他赞叹道。

"谢谢，爸爸。"杰夫说。

杰夫还决定，放学回家后，他要竭尽全力地保持安静，让爸爸能精神百倍地去上班——当然，也要让爸爸在周六去打棒球时不至于太累。

让我们聊一聊

- 杰夫的第一份契约出了什么问题？
- 杰夫的第二份契约有什么漏洞？
- 杰夫为什么要利用这个漏洞？
- 面对杰夫的玩笑，他的家人有什么反应？
- 杰夫和爸爸是怎么解决契约中的问题的？

数学问题

杰夫的朋友佩里也在上四年级。佩里喜欢上学，他也想取得好成绩，但他搞不懂最近数学课上正在学的"分数"概念。让我们看看佩里与自己签订契约能不能帮助他改变这一点。

"我下班回到家就没见过佩里，他也没有和杰夫一起在外面打篮球。"佩里的妈妈凯莎一边说着，一边拿出盘子和玻璃杯准备晚餐。

"你这么一说倒是提醒我了，我也没有看见他。"佩里的爸爸莱恩边说边切碎西红柿、洋葱和香菜准备做莎莎酱[1]，"佩里通常是第一个上餐桌的，尤其是今天，周二吃墨西哥卷饼。"

妈妈摆好了餐桌，说："他可能正在看书，忘了时间，我去叫他。"

她敲了敲佩里的房门，没人回应，于是她推开门，发现佩里正躺在床上，盯着天花板上组成星座图形的荧光星星贴纸发呆。

1　译注：莎莎酱（salsa）是墨西哥菜的一种常见开胃酱料，主要以切碎的西红柿、洋葱、香菜和辣椒为原料，通常搭配玉米饼、玉米片吃。

"佩里，墨西哥卷饼都做好了。"妈妈说。

通常一提到食物，佩里就会跳起来。但是这一次，他只是静静地凝视着天花板，没有任何动静，于是，妈妈在床边坐下来。

"佩里，你在烦恼什么？学校里发生了什么事吗？"

"我的测验分数不理想，"佩里说着用胳膊捂住了脸，"我不擅长数学，老师说我只有学好数学才能做软件工程师。"

佩里想像妈妈一样成为一名软件工程师，这样他就可以设计电子游戏了。

"哦，我们不可能什么都擅长，但听上去你想把数学学得更好，"妈妈说，"我们边吃晚餐边聊吧。当人们吃饱了的时候，才更容易想出解决办法。"

晚餐时，佩里告诉父母他想把数学学得更好，但现在学的"分数"真的让他打退堂鼓。

"我学了，"佩里说，"但是没什么用。"

"嗯，让我们好好想想：当你说你要学习的时候究竟发生了什么，"妈妈说，"你有多少次是沉迷玩电子游戏，然后把数学练习题留到第二天早上才急急忙忙地做完，塞进书包的？"

"可是我也想玩得开心呀。"佩里有点不甘心。

"有道理，"爸爸说，"我们下班后也喜欢放松一下。但听上去你也想把数学学得更好一点。你可以做些什么来两全其美呢？"

"等等，"妈妈说，"我有个主意可能会有帮助。我以前在写工作周报时常常拖延，我会赶在一天快结束的时候才把它做完，这样压力很大。我的老板认为，如果我花更多时间，我就可以做得更好。"

"但这和我学数学有什么关系？"佩里问。

"你的目标是取得更好的数学成绩，"妈妈说，"我的目标是从容地写出一份好报告。我找到了实现这个目标的办法，它可能对你有用。"

"好吧，你是怎么做的？"佩里问。

"我决定把写周报作为周五上午的第一件事，然后在午餐时间用上我喜欢的瑜伽课奖励自己。现在我不用匆匆忙忙地赶报告了，实际上这样做起来更轻松，而且我和我的老板对这个结果也都更满意。"

"这听起来有点像我的朋友杰夫和他爸爸正在做的事情，"佩里说，"他们签了一份契约，帮助杰夫保持房间整洁。如果杰夫整周都能保持房间整洁，他和他爸爸就会在周六共度特别时光。"

"哦，佩里，"爸爸说，"也许你可以和自己签一份契约，而不是和我或妈妈签？"

"我不明白，"佩里说，"我还以为签契约需要两个人呢！"

"你说得对。通常情况下，你签一份契约就意味着你同意为对方做某件事，"莱恩说，"而如果是和自己签契约，就是向自己承诺做一项任务。而完成任务后奖励自己会帮助你坚守这个承诺。"

爸爸想到了一个契约内容："你可以承诺工作日的晚上，在玩电子游戏之前，先做半小时的数学题。这很简单，不是吗？"

"是简单，但不怎么好玩。"佩里不悦。

"嗯，"爸爸说，"你才是那个想把数学学得更好的人。要实现这个目标，你必须投入更多的时间和精力。"

"行，那好吧，让我试一试。"佩里说。

晚餐后，佩里和父母更详细地谈论了他的契约内容，父母打印了一份他们在网上找到的契约表格，由佩里填写。

在任务栏，佩里写上，他会在周一到周五的晚餐后学半个小时数学。

在奖励栏，他写，在他学半个小时数学之后，他可以在睡前玩一个小时电子游戏。为了帮助佩里，他的父母同意使用计时器记录他的学习时长。

佩里决定立即履行他的契约。他回到自己的房间，打开计时器，开始学数学。

连续两周，从周一到周五，佩里每天都学习半个小时，复习课本上的数学知识。佩里遵守了他的契约，但是好像没什么效果。他仍然搞不懂"分数"，在接下来的数学测试中，他也并没有取得更好的成绩。

"也许我就是不够聪明，学不好数学。"他在晚餐时告诉父母。

契约

任务

* 执行者：佩里

* 任务行为：学习数学

* 时间：周一到周五，晚餐后

* 完成标准：半个小时

奖励

* 发放人：佩里

* 奖励内容：玩电子游戏

* 时间：每天完成学习任务后

* 奖励细则：

睡觉前最多玩一个小时

签字： 佩里　　10 月 28 日

签字： 佩里　　10 月 28 日

"我认为我们更应该做的可能是看一看契约的内容，想想它为什么不起作用，"妈妈说，"我们之前觉得你多花些时间学习，成绩就会提高，但实际上，你的目标能否达成与时间无关，而是与在数学上学得更好有关。为什么你不试试另一种新契约呢？"

"比如说？"佩里问。

"我们可以从老师推荐的网站上找一些分数相关的数学题，比如那些之前你做不好的分数题，"爸爸说，"每个工作日的晚餐后，你可以做十道分数题。这是你要做的任务。"

他还指出，这项任务可能需要半个小时左右的时间。

"一旦你正确地解答出这十道分数题，你就可以玩电子游戏了。"爸爸说。

"如果你遇到了困难，可以向我们求助。"妈妈说。

佩里同意尝试这种方式，并把他的契约内容改为每晚解答十道分数题。当他向朋友杰夫讲起他与自己签订的这份契约时，杰夫给佩里展示了他为家庭契约绘制的印章。杰夫解释说，加盖印章让契约显得很正式，必须认真对待。佩里喜欢这个主意，随后便在那份新契约的底部贴了一张篮球贴纸，作为自己的印章。

杰夫还告诉佩里，他喜欢看到自己在契约执行上的表现有多好，所以他的姐姐帮他设计了一个"任务记录"表格，一种追踪进度的简易方法。杰夫告诉佩里，他已经同意从周一到周五，每天都收拾自己的房间，所以他在契约上画出了代表每一天的格子，每次收拾完房间就在格子里做个标记。

听了杰夫的话，佩里决定设计自己的任务记录。他只需要在周一到周五学习，所以他把这些写有周几的格子排成一行，并在下面留了一排空格子。他计划每一天都按照契约中承诺的去做，完成后便在这一天对应的空格子里打个钩。

现在，佩里非常清楚自己在每个工作日的晚上要做什么——做十道题，如果有需要，可以向父母寻求帮助。等做完这些题，他就可以玩电子游戏了。这比以前好多了，那时候，他大部分时间都在看钟表，只盼着半个小时快点过去。

佩里努力地做着这些分数题。每一天，他都觉得自己对分数概念的理解加深了。

三周之后，佩里的数学成绩有了明显的提高。老师在他的

契约

任务	奖励

任务

* 执行者：佩里
* 任务行为：做分数题
* 时间：周一到周五，晚餐后
* 完成标准：
  ~~半个小时~~
  做完10道分数题，题型参考我在学校没学会的题目。妈妈或爸爸会检查我的作业，并帮我解答难题。

奖励

* 发放人：佩里

* 奖励内容：玩电子游戏

* 时间：每天完成学习任务后

* 奖励细则：

  睡觉前最多玩一个小时

周一	周二	周三	周四	周五	周一	周二	周三	周四	周五	周一	周二	周三	周四	周五
✓	✓	✓	✓	✓	✓	✓	✓	✓	✓	✓	✓	✓	✓	✓

签字：<u>佩里</u>　　10 月 28 日

签字：<u>佩里</u>　　10 月 28 日

成绩单上写了一段评论，说他为弄明白"分数"这一概念付出了非同一般的努力，这给她留下了深刻的印象。老师还说，她计划向全班的孩子演示如何与自己制订契约。

让我们聊一聊

- 为什么佩里的第一份契约不起作用？
- 佩里和他的父母是如何解决这个问题的？
- 你觉得佩里拿到成绩单时会有什么感受？
- 你想不想和自己签个契约？

宠物危机

　　四岁的孤独症女孩马娅对家里的宠物太粗暴了。杰夫把他和爸爸签订契约收拾房间的事告诉了马娅的姐姐马丁娜，佩里也说了他通过与自己签订契约提高数学成绩的事，于是马丁娜很想试试契约是否能帮到小马娅。

　　马娅在客厅里摞了一堆建筑积木，然后爬到上面够架子上的鱼缸，接着她又把一小块积木扔进鱼缸里，因为她喜欢看鱼儿飞快地游来游去。

　　马娅正准备又把一块积木扔进鱼缸时，她的妈妈卡米拉走进了客厅。

　　"住手，马娅！"

　　马娅转过身，把积木丢到了地上。姐姐马丁娜听到响声，从厨房赶过来帮忙，把妹妹从那一堆积木上抱了下来。

　　"噢，可怜的鱼！"马丁娜一边心疼鱼，一边把积木从鱼缸里捞出来。

　　随后，马丁娜回到厨房，她把装爆米花的纸袋从微波炉里

取出来，放在碗里，等着不烫了，把它拎到客厅。

马娅看见了，立即朝爆米花扑去，爸爸罗伯托把马娅刚刚垫脚用的积木块放到了架子上，她够不着的位置。

"我希望我们能做点什么让她改变对待小动物（尤其是狗狗）的方式。"妈妈说。

"我也这么想，"马丁娜说，"马娅，你不是吓着金鱼，就是拽贝拉的尾巴或是掐它的耳朵。"

马娅一直在吃爆米花，没有理会他们。

"算了，终结这个问题的一个办法就是为狗和那些鱼找一个新家。"爸爸说。

"不！爸爸。"马丁娜说。

"罗伯托，我不认为这是一个好办法，"妈妈说，"马丁娜爱贝拉，而且对马娅来说，学会如何善待动物也很重要。"

"我认同这一点，可是我们经常因为宠物的事责备她，这没什么意义。"爸爸说。

"我有个想法！"马丁娜说。

所有人都停止了说话，一齐看向她，就连马娅也不再伸手去拿更多的爆米花了。

　　"我的朋友杰夫和佩里告诉我，他们两家人正在用一个叫'契约'的东西帮忙处理各种问题，"马丁娜说，"契约上列出了某个人应该做的任务以及完成任务会得到的奖励。我们可以和马娅签一个契约，让她对贝拉和鱼好一点。"

　　"七呀[1]！"马娅一边吃爆米花，一边大叫。

　　"马娅只有四岁，还不认识字，"爸爸说，"她不知道契约上写了什么。"

　　"契约是一定要用文字写出来的吗？"马丁娜问。

　　"不然还能怎么写？"妈妈问。

　　"我们可以用图片，"马丁娜说，"在马娅的契约上用图来表示我们想让她做的事并给她解释，再把契约贴在鱼缸旁边提醒她。而贝拉的窝就在鱼缸附近，但愿这会提醒她也要对贝拉友好一点儿。"

　　"这是个好办法，马丁娜。"妈妈赞同道。

　　"让我们试一试吧。"爸爸说。

　　卡米拉拿起一叠旧杂志说："我们应该能在这里面找到想要的图片。"

---

1 译注：原文"Contack"不是标准的英语单词，在这里指的是马娅对契约的叫法，是"contract（契约）"的谐音，这里结合语境译成"七（qī）呀"。

马丁娜和父母开始翻阅杂志，马娅则继续吃爆米花。没过多久，他们就找到了一张女孩与一只小狗开心玩耍的图片。

"这张不错。"马丁娜说。

马丁娜回自己的房间拿了纸、剪刀、胶带和马克笔。她在一张纸的中间从上到下画了一条线，然后把图片剪下来，用胶带粘在了纸的左侧。

"让我们加上一些快乐的鱼。"马丁娜说。

她画了一幅画，上面是一个女孩正看着一个养了两条金鱼的小鱼缸。

"看起来棒极了！"爸爸说，"这些图片会提醒马娅要和贝拉好好玩，要看着鱼儿游泳，而不是打搅它们。这就是她的契约任务。"

"现在，我们要在契约的右侧画些什么来表示马娅完成任务的奖励呢？"妈妈问。

他们并没有想太久。马娅走到那堆杂志前，捡起一本杂志递给姐姐马丁娜。

"书。"她说。

大家相视而笑，他们都知道应该选什么奖励了。马娅最喜欢的事情就是有人给她读书。卡米拉把女儿最喜欢的三本书摆在茶几上，用手机拍了张照片，然后打印出来。

马丁娜把书的照片贴在了契约的右侧。

"我们还需要一样东西，"马丁娜一边说，一边开始画画，"杰夫和佩里说他们各自都有独有的印章，把它盖在契约上，表示这份契约很重要。我打算画一只蝴蝶。马娅喜欢蝴蝶。"

马丁娜画了一只以蓝色天空为背景的蝴蝶。"这是你的契约，马娅。"她说着，拿起契约递给马娅。

她的小妹妹一把抓住那张纸，笑了。然后妈妈握住马娅的手，指着上面的图片，给她解释每张图片的意思。

"看，这个小女孩是怎么跟她的狗狗好好玩的？"她说，"过来，贝拉。瞧，马娅，我是怎么轻轻地抚摸贝拉的？不是打。而且我也没有碰它的耳朵和尾巴。现在你来试试。"

马娅学着妈妈刚才的样子抚摸了贝拉的后背。

然后马丁娜指了指女孩和两条微笑鱼的图画，并带着马娅走到鱼缸前，跟她讲怎么观察鱼游泳。她温柔地握住马娅的手说："记住，马娅，只是看——不要把手或玩具放到水里。"

当爸爸罗伯托指着图书的照片时，马娅格外兴奋。爸爸解释了她怎样做家里人会在她睡觉前多给她读一个故事。为了获得这个奖励，她必须从下午幼儿园放学回家之后一直到就寝

契约

任务	奖励

妈妈　爸爸

马丁娜

前都友好地对待鱼和狗狗。

"好的，爸爸。"马娅说。

为了确保马娅真的理解了大家对她的期待，马丁娜把每项任务又演示了一遍，然后带着马娅逐个练习了一次。

马丁娜和她的父母在契约的最下面签了字。紧接着，马丁娜递给妹妹一支马克笔，叫她在底部涂上颜色，马娅拿过笔在纸上随意地涂了一笔。

"瞧，马娅，现在你有了我们家的第一份正式契约。"马丁娜说着收回笔，并与马娅击掌庆祝。

"七呀！七呀！"马娅欢呼雀跃。

随后，马丁娜让马娅看着她把契约贴在鱼缸上，以提醒她要对小鱼好一点。

· · · · ·

第二天下午，马娅从幼儿园回到家，就直奔鱼缸。当马娅把手伸向鱼时，妈妈屏住了呼吸，但马娅只是指了指贴在那里的契约，说："七呀！"

晚餐前，马娅一直在玩积木，没有再靠近鱼。卡米拉如释重负地松了口气，看上去记住了她的契约，也理解了那些图片的含义。

晚餐后，马娅坐在鱼缸附近，盯着银光闪闪的鱼儿在水中四处游动。她把双手放在膝盖上，环顾四周，想看看当她坐的离鱼缸近些时，她的家人会有什么举动。

其他人似乎都没有留意到她，所以马娅向鱼缸的方向移了移，但依旧没有人像往常那样关注她。马娅站起来，又向鱼缸靠近了一步，还是什么事都没有发生。

她堆起一堆书垫脚，让自己可以平视鱼缸——现在她距离鱼缸的非常近，鼻子几乎碰到了鱼缸玻璃，可其他人却视而不见。她又等了一会儿，然后一只手拍进了水里。

"不，马娅！"妈妈大喊一声，冲过去把她抱开，让她离鱼远远的。

"我就知道这一切好得太令人难以置信了，"妈妈说，"就在刚刚，我以为它真的可行。"

"我也一样，"爸爸说，"马娅还是太小了，不懂什么是契约。"

"不，等等，"马丁娜说，"我认为马娅的确理解了她的契约，是我们这些人不懂。"

"你说的是什么意思？"爸爸问。

"嗯，契约上说，如果你做了某件事，就会有好事发生——你会得到一个奖励。这会让你想再做一次任务。对吗？"

她的父母点了点头。

"好吧，马娅已经做了她该做的事。她玩得很好，整整两个小时都没有打扰鱼，也没有伤害贝拉，但是什么好事都没有发生呀。我们完全忽视了她。"

"但什么都不应该发生呀，"爸爸说，"马娅的契约上说，她一整晚都不能打扰鱼和狗狗。然后她才会得到额外的故事奖励。"

"这正是我要说的，"马丁娜说，"我们签的这个契约，对马娅这样的小孩子来说，要求太高了。"

"我想我明白你的意思了，"妈妈说，"对马娅来说，一个晚上的时间无比的漫长。她表现得非常好，但我们都忽略了她。"

"而她唯一能吸引我们注意的方式就是把手伸进鱼缸里，"马丁娜说，"我觉得，如果马娅能在较短的时间内获得奖励，我们和她的契约就会奏效。"

"但我们不可能每隔五到十分钟就给她读一个故事。"爸爸说。

马丁娜对此表示认可："我们改一改马娅的契约吧——她可以在晚餐前听到一个故事，睡前再听到另一个故事。在获得这些奖励之前，她必须对贝拉和鱼友好。"

"但即使是一个小时，对马娅来说，可能也太长了。"妈妈说。

"我知道。当她努力遵守契约时，我们可以表示对她的关注，"马丁娜说，"之前，她一直在慢慢地接近鱼缸，而且全程都在观察我们的反应。但是我们当时什么都没有说。最后，她再也忍受不了了。"

"你可能是对的，"爸爸承认，"如果她会为了吸引我们的注意力而调皮捣蛋，她就有可能为了得到我们的关注而遵守规则。这值得一试！"

"好，"马丁娜说，"从现在开始，无论我们谁看见马娅自己玩，没有打扰鱼，我们都要告诉她，我们为她善待动物而感到骄傲。当她和贝拉友好相处时，也是如此。"

"我相信，在我们所有人的帮助下，她一定能做到。"卡米拉说。

次日晚上，马娅履行了她的契约。从那以后，几乎每天晚上都是如此。

让我们聊一聊

- 马娅做的什么事伤害了狗和鱼？

- 她要怎么做才算是善待宠物？

- 马娅不认识字，她的家人怎么制订契约才能让她明白呢？

- 你认为马丁娜建议给她的妹妹设计一份图片契约时是什么感觉？

林恩出份力

爸爸和妈妈曾经因为孩子们不做家务活而不满，后来杰夫与爸爸签订了一份收拾自己房间的契约。现在轮到杰夫的姐姐林恩与妈妈签契约了，约定她放学回家后开始准备晚餐。

伊夫琳走进家门，听见女儿林恩正在打电话。林恩原本应该在她回家之前就开始准备晚餐，但伊夫琳并没有闻到任何饭菜的气味。

林恩一看见妈妈，就赶紧对电话那头说了再见。

"林恩，你知道我需要你帮忙。"

"对不起，妈妈，我还没有开始准备晚餐，"林恩说，"我忘了时间。"

"这已经发生很多次了，"妈妈说，"有些事情必须改变，我有个想法。杰夫通过契约已经能很好地做到收拾房间了，或许契约也能帮到你。

林恩笑着说："你说得对！我这就去做一份像杰夫那样的契约。"

说罢，她急忙回到自己的房间。十分钟后，林恩递给妈妈一张契约。她已经填好了任务栏，杰夫也在底部画上了他们家的印章——他们家房子的图案。

妈妈看完契约，林恩问："内容怎么样？我们可以签字，让它正式生效了吗？

"嗯，林恩，你已经把任务写得很具体了——周一到周五每天下午 4 点半，按照爸爸或我留给你的指示开始准备晚餐——但奖励栏是空的。"

"妈妈，我不介意准备晚餐，"林恩说，"它花不了多长时间，而且我喜欢做饭。另外，我知道你下班以后很累，能帮到你让我感觉很不错。我不需要奖励。"

"你真贴心，但杰夫收拾好房间可以获得与爸爸相处的特别时光，你也应该得到奖励。我知道你喜欢手工，而且一直想给自己添置一张新桌子。这个怎么样？从明天开始，如果你连续三周遵守契约的规定，误工的天数不超过一天，那么这个月底，我就陪你去跳蚤市场买一张桌子让你改造。"

"那太棒了！"林恩说。

填写完契约的奖励栏，林恩和妈妈一起签字确认。随后她们把契约贴在冰箱上——爸爸妈妈通常会在那里留下晚餐说明——这样可以时时提醒她们俩自己承诺过什么。

第二天下午 4 点，林恩回到了家。半个小时后，她设置的手机闹钟响了，她径直去了厨房。5 点，她已经把备好的鸡肉和

契约

任务

* 执行者：林恩

* 任务行为：根据爸爸妈妈的指示帮忙准备晚餐。

* 时间：周一至周五，下午 4:30 开始

* 完成标准：

  • 周一至周五，连续三周（允许缺勤1天）

奖励

* 发放人：妈妈

* 奖励内容：和妈妈一起去跳蚤市场买一张桌子。

* 时间：当月底

* 奖励细则：

价格合理的桌子

周一	周二	周三	周四	周五	周一	周二	周三	周四	周五	周一	周二	周三	周四	周五
✓	✓	✓	✓											

签字： 林恩　　　9 月 10 日

签字： 妈妈　　　9 月 10 日

土豆放进了烤箱。当妈妈回到家时，林恩正在切西红柿和黄瓜，准备做沙拉。

"林恩，真是太好了！看起来晚餐快准备好了。"

"谢谢，妈妈。你今天过得怎么样？"

"很愉快，谢谢。你可以去做家庭作业了，我来做沙拉和摆桌。你去叫醒爸爸吧。晚餐做好之后，我会叫大家的。"

晚餐后，林恩上网查找了二手书桌的改造攻略。她发现了许多好的创意，一想到只要完成接下来几周做晚餐的任务，就可以开始动手改造书桌，她心中充满了兴奋和期待。

让我们聊一聊

- 你应该做什么家务呢？
- 你有时会忘记做家务吗？
- 契约能帮助你记住要做家务吗？
- 你会把契约贴在哪里作为提醒？

我自己来

四年级男孩康纳与杰夫、佩里、马丁娜是同班同学。康纳有孤独症，总是没办法提前做好上学的准备，这导致他和妈妈每个上学日的早上都手忙脚乱的。契约能帮助他们摆脱困扰，更从容地开启新的一天吗？

克丽丝塔是一位帮助孩子们处理行为问题的行为分析师，她正在拜访康纳家，想看看他的近况如何。在她与康纳的妈妈埃里科交谈时，康纳正忙着用乐高积木搭一座玩具塔。

"克丽丝塔，康纳的功课做得很棒，"埃里科说，"但是他总是做不好上学前的准备，我们早上很难让他准时赶上校车。我们讨论过他独立做完哪些事才算是做好了准备，但这不起作用。然后我只能介入，催促他赶紧走，总闹得很不愉快，最终我们两都只能以一种糟糕的状态开启新的一天。有什么好办法吗？"

"我们可以尝试几件事，"克丽丝塔说，"一是使用'行为契约'来帮助康纳在早上做好准备。"

"有意思，你提到了契约，" 埃里科说，"我的朋友卡米拉告诉我，她正在和她的女儿马娅使用一份契约。马娅也有孤独症，契约能帮助她学习如何与家里的小鱼友好相处。卡米拉说马娅太小，不识字，所以他们的契约使用了图片。但我觉得康纳不需要图片，因为他的阅读能力很强。"

克丽丝塔从包里取出一个文件夹，说："契约适用于许多家庭，我随身就带着不同的契约表格模板。"

克丽丝塔向埃里科解释说，契约一般包含两个主要因素：任务和奖励。制订契约的第一步是确定任务。

"那么，在准备上学这方面，你想让康纳自己做些什么呢？"克丽丝塔问。

"我希望他能穿好衣服，铺好床，吃完早餐之后把脏盘子放进洗碗槽，洗脸刷牙，检查他的家庭作业是否在书包里，然后7点45分到门口等校车。我知道事情有点多，所以也没指望他马上就会做好所有这一切。"

"嗯，那我们从这四个

步骤开始怎么样？" 克丽丝塔说。

她在契约上写：

任务：做好上学准备

- 穿好衣服（前一天晚上准备好衣服和鞋子）。
- 吃早餐，之后把脏盘子放在洗碗槽里。
- 洗脸刷牙。
- 早上 7:45 背好书包（前一天晚上准备好）站在门口。

"虽然康纳会阅读，" 她说，"但是我们可以使用文字描述搭配康纳做每个步骤的照片，让他的契约更加个性化，这样他就能迅速明白自己下一步该做什么了。"

"听起来很不错，" 埃里科说，"可是奖励呢？"

"我每次过来的时候，康纳似乎都在搭乐高积木，"克丽丝塔说，"康纳完成契约上的任务后就能获得新的乐高积木，你觉得这可以作为奖励吗？"

"我觉得可以，" 埃里科说，"康纳一直在说他想要一套有十个人物模型的乐高。这东西不贵，反正我也会买给他。我们去和康纳谈谈，看看他对这个契约有什么想法。"

克丽丝塔和埃里科向康纳解释了契约怎么帮助他在早上做好准备。康纳喜欢这个主意，随后在妈妈和克丽丝塔的帮助下，他写好了契约。

第二天是周六，所以埃里科和康纳有充足的时间根据"做好上学准备"清单上的要求，拍摄并打印出康纳要执行的四个步骤的照片。最后他们用胶水把这四张照片粘在了契约上。

紧接着，埃里科给四块乐高积木贴上了魔术贴，并在每张照片下方贴了一条魔术贴。康纳每完成一个步骤，就可以在对应的照片下面贴一块积木。这能帮助他清晰看到自己已经完成了几步，还差几步。

埃里科还打印了一张乐高积木的小图片。她告诉康纳，她做这个是为了制作他们家独有的印章，它代表这份契约很重要。

此外，他们还在契约上画了一排方格代表周一到周五，准备以任务记录的方式追踪康纳的进展。埃里科给康纳展示了一卷乐高贴纸——每天早上，康纳如果完成了契约上规定的任务，就可以在那一天的格子里贴上一张贴纸，而且当天放学后，她会给他一个新的乐高人物模型。康纳还有机会获得额外奖励——如果一周之内的五个上学日他都完成了全部任务，他将得到一个额外的乐高人物模型。

最后，他们各自在契约上签了字。

签完契约几周后，康纳的表现越来越出色。刚开始时，他花了一两周的时间才掌握完成任务的诀窍，但他和妈妈都没有放弃。当康纳能在早上独立完成上学准备任务时，他为自己的进步备感

自豪。他也很高兴妈妈为他感到骄傲。他真的很喜欢一周完成五天的契约任务后获得一个额外的人物模型。不仅如此，康纳甚至会在早上有时间的时候整理自己的床铺。现如今，他可以轻而易举地做好准备工作，并时常主动地整理床铺。

让我们聊一聊

- 你家的早晨是什么样的？
- 在签订契约之前，康纳和妈妈的早晨是什么样的？
- 你认为康纳的契约上的照片对他有帮助吗？
- 当康纳按时做好上学准备时，他有什么感觉？

契约

任务

* 执行者：康纳
* 任务行为：早上 7:45 做好上学准备
* 时间：上学日的每一天
* 完成标准：
完成全部任务即可获得每日奖励。完美地完成一周的任务可获得额外奖励！

奖励

* 发放人：妈妈
* 奖励内容：乐高人物模型
* 时间：放学后（前提：每天的任务都完成了）。额外奖励在周五发。
* 奖励细则：
每天获得一个人物模型。完美地完成一周任务后额外获得一个人物模型。

额外奖励！

周一	周二	周三	周四	周五	周一	周二	周三	周四	周五	周一	周二	周三	周四	周五
🧱		🧱	🧱	🧱	🧱		🧱	🧱	🧱	🧱	🧱	🧱	🧱	🧱

签字：___康纳___　　10 月 6 日

签字：___妈妈___　　10 月 6 日

兄弟姐妹联合起来

契约用得很成功：杰夫无须提醒就能收拾好自己的房间，林恩也开始为家人准备晚餐。现在，姐弟俩决定彼此签一份契约。

放学后，杰夫一进家门就听见了音乐声，姐姐在唱歌。他走进厨房，林恩停下来，抬起头看了弟弟一眼。

"晚餐吃什么？"杰夫问。

"意大利面、青豆和沙拉。"林恩说。

林恩的任务是每天放学回家后帮忙准备晚餐，她一直在努力做好这项家务。

"我喜欢吃意大利面。我能帮你做晚餐吗？这样我就可以学学怎么做意大利面了，也许你还可以教我做一些别的东西。"

"谢谢，但如果什么事都要我教你做的话，那会花更长的时间。而我只想尽快做好晚餐，这样我才有时间做自己的事儿。"

"你再也不陪我了，"杰夫有点儿失落，"不过，你说的事儿是什么？"

"多亏了我和妈妈的契约，我在跳蚤市场淘到了一张书桌。我现在要开始改造它了。在刷漆之前，我得先把它打磨好，这需要很长时间。"

"哦，我明白了，"杰夫说，"嘿，我有个主意。"

"老弟，瞧你那眼神，我就知道你想搞什么鬼。"

"好啦，孩子之间也可以签契约，对吧？那我们为什么不签一份呢？"

"我就知道你在想这件事，"林恩说，"好吧，如果我在做晚餐的时候给你上烹饪课，那么当天晚上你要帮我打磨书桌或者给桌子刷半个小时漆，怎么样？这可是一笔公平交易，不是吗？"

"你会解释所有的制作步骤，并让我尝试所有的事情吗？"

"那是当然，但这个契约只能持续几周，到我的书桌完工为止。不过，到那时，你应该也能自己做饭了。"

"成交！"杰夫说，"我现在得赶紧去收拾我的房间。晚餐后，我们捋一捋细节，然后制订我们的契约。"

在接下来的几周里，林恩教杰夫做了几道他最喜欢的菜，包括意大利面、烤鸡，以及通心粉和奶酪。杰夫对烹饪非常感兴趣，他决定在周末露一手，为全家人做一顿饭。

林恩改造完的书桌看上去也很漂亮。她的下一个计划是挑选一些布料，让妈妈教她缝制房间的新窗帘。

杰夫和林恩对契约的效果都很满意：杰夫学会了做饭，林

契约

任务	奖励
* 执行者: 林恩	* 发放人: 杰夫
* 任务行为: 给杰夫上烹饪课	* 奖励内容: 帮助林恩改造她的书桌
* 时间: 当林恩准备晚餐时（前提: 如果她可以／想的话）	* 时间: 杰夫上完烹饪课当天的晚餐后
* 完成标准:	* 奖励细则:
林恩会讲解每道菜的制作步骤，并让杰夫动手尝试每一步。	杰夫帮林恩打磨书桌或给书桌刷漆，时间是 30 分钟。

周一	周二	周三	周四	周五	周一	周二	周三	周四	周五	周一	周二	周三	周四	周五
✓	✓	✓												

签字: __林恩__   11 月 13 日

签字: __杰夫__   11 月 13 日

备注:
本契约有效期为 3 周

恩加速了书桌的改造进度。不仅如此，一起度过了更多的时间之后，他们也相处得更融洽了，这是额外的收获。

让我们聊一聊

●这份契约对林恩和杰夫各有什么好处？

●如果你有兄弟姐妹，你愿意和他们签订契约吗？

●如果你和兄弟姐妹签了契约，任务和奖励会是什么？

●你想让父母帮你制订一份契约吗？如果想，他们能帮上什么忙呢？

爸爸妈妈，现在轮到你们了

杰夫和林恩按照他们的契约做任务，全家人也相处得融洽多了。但爸爸妈妈总是不断地提醒他们做家务，杰夫和林恩觉得爸爸妈妈唠叨。于是，孩子们提出要和爸爸妈妈签一份契约。这事儿应该会很有意思。

伊夫琳回到家，发现儿子正在车道上打篮球。

"嗨，杰夫。今天在学校过得怎么样？"

"很好。"

"别忘了收拾你的房间。"

"妈妈，你知道我会收拾的。上个月我几乎全勤。你为什么老拿这件事烦我啊？"

"对不起！我只是习惯了。"

十五分钟后，爸爸在他的卧室里喊道："林恩，你在准备晚餐吗？你知道我上班不能迟到。"

"是的，爸爸，"林恩回答，"我在做了。"

自从家里开始使用契约，他们每周会选一天在晚餐后开例会，讨论任务进展情况和一周的计划。

在那天晚上的周例会上，妈妈首先发言。

"一个月前，我从未想过事情会进展得这么顺利。杰夫，你的房间总是很整洁，下午你爸爸睡觉的时候，你也安静多了。"

爸爸微笑着冲杰夫眨了眨眼。

"林恩，回到家看到晚餐差不多准备好了，这种感觉太棒了，"妈妈继续说，"最重要的是，我们之间的相处融洽多了。"

林恩开口说："也许之前的问题在于我们都在相互抱怨，却没有试图找出哪里出了问题，以及怎么解决它。"

"有道理。"爸爸说，妈妈也点点头表示同意。

"可是有一件事让杰夫和我都很烦。"林恩说。

"什么事？"爸爸问。

"爸爸，你一醒来就问我有没有准备晚餐。"

杰夫接着说："妈妈，你一下班回家就问我有没有收拾自己的房间。我们希望你们不要再这么唠叨了。你刚说你知道我们在做该做的事。"

"很抱歉，"爸爸说，"我想唠叨只是一种习惯。"

"好吧，我和杰夫想到了一个办法，"林恩说，"我们想让你们俩签一份契约。"

"你们想和我们签契约吗？"爸爸问。

"是的。平心而论，你们也应该愿意做出一些改变。"林恩说。

"乔，他们说得有道理，"妈妈说，"或许我们只是习惯了催促他们做事，毕竟我们以前总得提醒他们。"

"那么，我和杰夫给你们起草一份契约，可以吗？"林恩问。

"我们可以试一试。"妈妈说。

"我去房间里拿一份空白契约。"

当林恩带着一张表格返回时，她说："我的老师说，契约任务应该描述你要做什么，而不是你不应该做什么。我们希望你们不要再唠叨我们了，那么你们还能做些什么呢？"

"你看这样行吗？"妈妈说，"我们不再问你们打算什么时候去做任务，而是在你们做完之后说声谢谢。"

"这听起来不错，"林恩说，"如果你们不再唠叨，只是在我们做完任务之后称赞我们，我们每天都会给你们打个钩。"

"如果你们能连续五个工作日不提醒我们做任务，你们就

会得到奖励，"杰夫说，"但如果你们提醒了，我们就要重新开始计算这五天。"

"我们的奖励是什么？"爸爸很好奇。

"我和杰夫会在下个周末做一顿特别的晚餐，并承包所有的清理工作。"林恩说。

"我没问题。"爸爸说。

"我们就这么做吧。"妈妈说。

全家人填好了契约的其余部分，杰夫画上了家庭印章，而后每个人都签了名。

"我会把这份契约贴在冰箱上，这样我们就都能看到实际的进展了。"杰夫说。

. . . . .

两周以后的傍晚时分，杰夫和林恩正在处理蔬菜，准备为爸爸妈妈做一顿特别的周末晚餐。第一周，爸爸妈妈还没有适应新形势，不由自主地提醒他们要做家务。现在，五个工作日过去了，爸爸妈妈再没有问他们打算什么时候完成自己的任务。取而代之的是，妈妈下班回到家时会对林恩准备的晚餐大加赞赏，爸爸则会经常有意识地称赞杰夫的房间很干净。

大家一致认为，这份契约确实让一家人相处得更融洽了。而且他们都做得很开心！

契约

任务	奖励
*执行者：爸爸妈妈	*发放人：林恩和杰夫
*任务行为：称赞林恩和杰夫完成了任务，而不是唠叨他们。	*奖励内容：为爸爸妈妈准备特别的晚餐
*时间：每一天	*时间：周末的晚上（具体时间由爸爸妈妈确定）
*完成标准：　连续7天不唠叨	*奖励细则：　林恩和杰夫会做爸爸妈妈最喜欢的菜，并负责餐后收拾。

周一	周二	周三	周四	周五	周一	周二	周三	周四	周五	周一	周二	周三	周四	周五
✓	✗	✓	✓	✗	✓	✓	✓	✓	✓					

签字：林恩 杰夫　11月 22 日

签字：爸爸 妈妈　11月 22 日

让我们聊一聊

● 这份契约与其他故事中的契约有什么不同？

● 孩子们的目标是让父母不再催促他们做家务。全家人是如何把父母的任务转化成积极的行动的？

● 如果你能说服父母签订一份契约，你的任务和奖励会是什么？

交朋友

康纳觉得自己没有任何朋友，所以很伤心。康纳的妈妈埃里科、老师贾内尔，以及帮助康纳学习新技能的行为分析师克丽丝塔，她们三个人希望能帮助他交到朋友。让我们一起看看这份帮助康纳与其他孩子交谈的契约是如何运作的。

埃里科和克丽丝塔在贾内尔老师的教室里等着她把所有学生都送上回家的校车。老师回来后，便和埃里科、克丽丝塔一起坐在教室后面的一张桌子旁。

"谢谢你和我们见面，贾内尔老师。"埃里科说。

"叫我贾内尔就好，"康纳的老师说，"让我先说一下，康纳的功课一直都做得很好。"

"很高兴听到你这么说，"埃里科说，"问题是，康纳回到家后一直很沮丧，他说自己在学校里没有任何朋友。"

"我理解康纳为什么会有被冷落的感觉，"贾内尔老师说，"我的大多数学生从幼儿园开始就相互认识了。康纳是今年的新生，其他孩子还不太了解他。我在课堂上组织小组活动时，康纳往往会手足无措。你们有什么办法可以帮助他交朋友吗？"

"我和克丽丝塔做了一份契约，帮助康纳自己做好上学的准备，"埃里科说着把契约递给了贾内尔老师，"康纳这几周都做得很好。事实上，我们正准备终止这份契约，因为康纳说他能独立做好准备，不再需要它了。也许我们可以再拟订一份契约帮助康纳交朋友。"

贾内尔老师看了看契约，说："我和学生签过契约，帮助他们完成家庭作业之类的任务。最近，我的一个学生想提高数学成绩，他跟自己签了契约。我敢肯定，我们能制订出一份可以帮助康纳交到朋友的契约。"

"交朋友有一定难度，"克丽丝塔说，"我们应该从简单的做起，帮助康纳与同学交谈的契约可能会是一个不错的开端。"

"我喜欢这个主意。"埃里科说。

"我也是，"贾内尔老师表示赞同，"我们把这个任务叫作'与其他学生交谈'吧。"

三个人讨论了康纳需要做些什么，有助于他可以顺利地与其他学生交谈，贾内尔记下了她们的提议：

- 确定你想与之交谈的学生有空闲，他／她也没在和其他人讲话。
- 说"嗨"并叫对方的名字。
- 问一个对方可能会喜欢的话题："你打棒球吗？"或"你去过那个新开的公园吗？"

- 认真倾听对方说话，不要打断。
- 礼貌地回应对方的回复："这可真有趣"或"这很酷"。
或者问其他问题："你最喜欢哪个棒球队？"或"你爬过新装的攀岩墙吗？"
- 告诉对方一些关于自己的事情："我整个暑假都在打棒球。"或者"新装的攀岩墙可真难爬"。

"哇！这些对孩子来说都很复杂，况且康纳很害羞。"埃里科说。

"为了方便操作，我们可以简化步骤，让康纳和你先在家里一起练习，"克丽丝塔说，"当他感觉能应对自如时，就可以尝试在学校里与其他孩子交谈了。"

贾内尔老师为康纳写下了以下步骤：

如何与其他学生交谈：

- 叫出对方的名字并说"嗨"。
- 问一个问题。
- 认真倾听对方说话，不要打断。
- 回应对方的回复，或者问其他问题。
- 说一些关于自己的事情。

"埃里科，如果你允许的话，我会找几个热心的学生谈谈。"贾内尔老师说，"我会告诉他们康纳想交朋友，并请他们多跟他说说话，这样他就有机会练习了。"

"那太好了，"埃里科说，"谢谢你！"

"在课堂上，我会把康纳与这些学生安排在一组，这样他们就能更好地了解彼此了，"贾内尔老师继续说道，"我建议，刚开始时，康纳的契约上要写明他每天与其他学生交谈一到两次。他可以在午餐时间或者在课间休息时这样做，也可以在课堂的自由交流时间或者在小组合作的时候这样做。"

　　"你能告诉我事情的进展吗？"埃里科问。

　　"当然没问题。可以让康纳在坐车回家之前，告诉我那一天发生了什么事，"贾内尔老师说，"即使他认为事情进展得不顺利，我也会肯定他付出的所有努力。我每天都会让康纳带一张便条回家，告诉你他有没有和孩子们交谈，以及交谈得怎么样。"

　　"但是奖励的问题怎么办呢？"克丽丝塔问，"契约上要说明奖励内容。"

　　"我今晚和康纳聊一聊我们关于契约的想法，"埃里科说，"如果他愿意尝试，我会问他想要什么奖励，然后我们会一起完成契约。"

　　"听起来很不错。"贾内尔老师说。

　　三人告别后，埃里科和克丽丝塔便各自回了家。

· · · · ·

　　那天晚上，埃里科给儿子看了新契约和任务清单，并向他解释了交朋友的第一步是学会如何与其他孩子交谈。康纳为自己圆满地完成了做好上学准备的契约而自豪，他也喜欢把"与其他学生交谈"作为契约任务的想法。他觉得自己能完成这项任务，而且他相信只要勤加练习，就会完成得越来越轻松。

至于奖励，康纳和妈妈商定了三个内容——看一个自己最喜欢的科学视频、在花园种一棵幼苗，或享用一份特别的课后点心，他完成任务的每一天，都可以从中选取一个作为奖励。他也会在任务记录表上做标记，追踪进程。

填写完新契约之后，康纳和妈妈签了字。然后他们用了一张乐高积木块的图片作为家庭印章，与之前在"做好上学准备"契约中用过的一样。

第二天，康纳告诉老师他想试试这份契约。贾内尔老师给了他一份"如何与其他学生交谈"的步骤清单，并向他解释了如何用它进行练习。

在接下来的几天里，康纳的妈妈和克丽丝塔轮流与康纳练习这些步骤，贾内尔老师也帮助康纳与班上的几个孩子进行了短时间的练习。

随后，康纳开始练习主动发起谈话。那段经历太可怕了，他逃避了好几天。但老师和妈妈都鼓励他再试一试，果然，他感觉后面做起来愈发轻松了。

康纳把老师给他的便条带回家，自豪地展示给妈妈看。只要他当天尝试了与其他孩子交谈，他就会在契约的任务记录表上打一个钩，然后选取他的奖励。

和康纳一起练习过的孩子们也会过来和他说说话，这对他

契约

任务

* 执行者：康纳
* 任务行为：与其他学生交谈
* 时间：在校日午餐时间，课间休息，课堂上的自由交流时间或小组活动时间
* 完成标准：
  • 与老师挑选的学生练习3-5分钟。
  • 开始与其他学生交流
  • 告诉贾内尔老师交谈的进展
  • 把贾内尔老师的便条带回家，并把交谈的情况告诉妈妈

奖励

* 发放人：妈妈
* 奖励内容：
康纳的选项（三选一）：
  • 看一个最喜欢的科学视频
  • 在花园种一棵幼苗
  • 享用一份特别的课后点心
* 时间：放学后
* 奖励细则：
  他与其他学生交谈的当天都有一个奖励。

周一	周二	周三	周四	周五	周一	周二	周三	周四	周五	周一	周二	周三	周四	周五
✓	✓	✓	✗	✓	✗	✓	✓	✓	✓					

签字：康纳 _____ 2月14日

签字：妈妈 贾内尔 _____ 2月14日

的帮助很大。两三周后，康纳突然意识到他每天都和其他学生说话，而且在有些日子里，他还跟不止一个学生说过话。

一天放学后，康纳对妈妈说："妈妈，贾内尔老师说我做得很棒。杰夫、佩里和马丁娜现在经常和我说话，我们还会在课间休息时玩抛接球游戏。"

又过了几周，一天放学后，康纳跳下了校车，脸上洋溢着灿烂的笑容。

"康纳，怎么了？你看起来很兴奋。"他的妈妈说。

"我的朋友佩里邀请我参加他的生日聚会！他妈妈会给你发信息。佩里和我一样喜欢打棒球，所以也许我可以送他一顶新的棒球帽作为生日礼物。我能去吗？"

"当然可以。你们会玩得很开心的。"妈妈把他搂进怀里，眼眶里闪烁着幸福的泪花。

让我们聊一聊

● 康纳想在学校里交朋友，契约对他有什么帮助？

● 步骤清单是怎样帮助康纳的？

● 与其他孩子一起练习对康纳有什么帮助？

● 如果你想和老师签一份契约，你会选择什么样的任务和奖励呢？

第二部分

制订自己的契约

如何制订契约

 挑选任务　　 选择奖励　　 订立契约　　 履行契约

契约法是一种能改变孩子的行为的积极方式。

在本章中，你将了解：

- 什么是契约
- 契约的组成部分
- 契约是如何帮我们解决行为问题的
- 如何利用契约实现个人目标

什么是契约法

作为父母，如果你经常与强加给你的各种要求做斗争，那么无论你多么乐于助人或精力充沛，你都会觉得时间不够用。在有限的日子里，既要工作，又要照顾孩子、做家务，处理孩子的在校问题、承担其他责任，这些已经够考验人的了——更别提还要试着为自己或伴侣挤出一点时间。无怪乎你会与孩子在家务、家庭作业和其他日常事务上产生分歧，导致家庭成员之间关系紧张，冲突不断。

在理想化的情况下，你会选择一个既能保证解决所有问题，又简单易行的办法。然而，世界上不存在什么容易或神奇的万能解决办法。生活太复杂了！父母们，也不仅仅是父母们，从老师到祖父母，任何与孩子打交道的人都需要一套工具应对形形色色的状况。本书描述的行为契约法就是这样一种策略工具，它可以帮助你以积极的方式解决行为问题。此外，你还可以用它帮助自己在内的任何一位家庭成员实现个人目标。

我们把契约法定义为一种教学策略，它要求孩子完成一些具体的任务，并在完成任务后获得奖励。数十项研究已经证明，不论是在家庭，还是在学校或社区环境中，也不论儿童处于哪一年龄段或是否有特殊需要，契约法都能有效地帮助他们改善行为，并习得新的技能（详见在线资源）。

家庭契约的好处

契约法为解决更严重的问题行为提供了一个积极的途径，它可以改善孩子的下列行为：

- 与兄弟姐妹打架
- 不听从指令
- 争吵
- 乱发脾气
- 拒绝做家务
- 不做家庭作业

但契约的好处不仅仅是可以解决行为问题，它还能激励孩子：

- 在日常生活中变得更加独立
- 实现一个小目标，如学会演奏一种乐器，或定期锻炼
- 发展新的兴趣或爱好
- 学习新技能，包括与其他孩子交谈（参见"交朋友"的故事），烹饪（参见"兄弟姐妹联合起来"的故事），因人而异

你也可以与你的伴侣或自己签订契约，改变你们与孩子或彼此之间的互动方式。例如，契约可能会帮助你实现以下心愿：

- 多关注孩子的恰当行为

- 多花时间和孩子单独相处

- 多花点时间与伴侣待在一起

本书描述的契约，与家长经常与孩子达成的口头协议有几点不同：

- 协议以书面形式呈现

- 对任务和奖励的描述非常具体、清楚，所有人一看就懂

- 孩子和家长的签字（或不会写字的孩子做的个人标记）彰显了每个人的决心：愿意认真努力地尝试履行这份契约

- 一经公示，书面契约就是一个视觉提示，时刻提醒着孩子和家长各自要做什么

契约的组成部分

行为契约主要由五个部分组成：

- 任务：承诺的行为（通常是孩子要做的事情）

- 奖励：承诺的积极后果（一般由家长提供）

- 签字：契约当事人的签名或个人标记（仅限不会写字的孩子）

- 印章：一个小图案，它表明这份契约是家庭订制，同时也表示它很重要

- 任务记录：追踪每次是否成功完成任务的视觉呈现

为了帮助你理解这些要素，我们将以一份契约为例展开说

明。这份契约要解决的是家长们面临的一个常见问题——让年幼的孩子平静地按时上床睡觉。六岁的莉莉平时的晚间活动包括：玩拼图和她收集的小陶瓷动物，和父母争论要不要上床睡觉，求父母让自己晚睡一会儿，大哭，要求喝饮料或吃零食，有时父母不同意，她就会突然大发雷霆。莉莉不愿意上床睡觉的现状和她对抗父母的许多方法都给家里带来了很大的压力，导致大多数夜晚全家人都不愉快。

莉莉的父母想让女儿能够在就寝时间上床睡觉，并整晚都待在床上，于是设计了一份契约（见第 94 页）。除了契约里提到的，莉莉的父母还要保证让她早点吃晚餐和洗澡，给她留出充足的时间玩耍、给她讲几个故事，并让她在睡前吃点小零食、喝点饮料。

如何描述任务

在契约上描述任务——你的孩子承诺做的事情，你需要填写四条信息：谁、做什么、何时做及做到什么程度。你可以复制本书中的契约表格，或者从我们的官网 contractingwithkids.com 上获取表格[1]。我们以莉莉的睡前契约举例说明。

- **执行者（谁）**：将要执行任务并接受奖励的人，在这个例子中是莉莉。

- **任务行为（做什么）**：执行者为了获得奖励，必须做出的

---

1 编注：关注"华夏特教"公众号，获得相关电子资源。

行为或完成的任务——莉莉要上床睡觉。

- **时间（何时做）**：做这项任务的时间。莉莉要在晚上 8:30 上床睡觉，她的父母会提前 5 分钟提醒她。

- **完成标准（做到什么程度）**：尽可能具体地描述任务的细节，以免产生误解。这是一个特别重要的部分，因为对孩子和家长都提出明确的共同期望能提高契约获得成效的可能性。莉莉不仅要在晚上 8:30 上床，而且契约中还明确规定了她必须是心甘情愿的，不争辩，也不乞求，并且要躺在床上直到第二天早晨（中途只能起来上厕所）。换句话说，契约奖励积极的行为改变，莉莉很清楚她需要做哪些不一样的事情才能获得奖励。（"订立契约"这一章会进一步探讨任务做到什么程度。）

如果你想了解行为契约中常见的任务示例，以及逐步确定契约任务的方法，请参阅"挑选任务"这一章。

如何描述奖励

为了描述奖励——孩子在完成任务后会获得的积极后果，你需要填写谁、做什么、何时做及奖励是什么。我们还是以莉莉的睡前契约为例，分别解释这四点的意思。

- **发放人（谁）**：确定执行者是否完成任务并给予奖励的人。就莉莉的契约而言，发放人是她的妈妈。

- **奖励内容（做什么）**：和孩子已经达成共识的奖励。莉莉收集小陶瓷动物,因此她的奖励就是获得一个新的陶瓷动物。

契约

任务

*执行者：莉莉

*任务行为：上床睡觉

*时间：晚上 8:30，爸爸妈妈会提前 5 分钟提醒。

*完成标准：不为了晚点睡觉而争吵或乞求。必须在床上待到第二天早晨（中途只能起来上厕所）。

奖励

*发放人：妈妈

*奖励内容：莉莉收集的小陶瓷动物

*时间：莉莉能连续 4 天完成任务，妈妈就会带她去商店选 1 个小陶瓷动物。

*奖励细则：1 个小陶瓷动物

周日	周一	周二	周三	周四	周五	周六	周日	周一	周二	周三	周四	周五	周六
☺	☺	✕	☺	☺	☺	☺							

周日	周一	周二	周三	周四	周五	周六	周日	周一	周二	周三	周四	周五	周六

签字：莉莉　　　　1 月 8 日

签字：妈妈　　　　1 月 8 日

- **时间（何时做）**：给孩子发放奖励的时间。比较理想的状况是，孩子在完成任务后尽快得到奖励，但请记住，一些奖励（例如，去看电影）不是即时的。莉莉的契约上说明她将在连续四天成功地完成任务之后获得奖励。

- **奖励细则（奖励是什么）**：完成任务后能获得的奖励。莉莉在连续四天完成就寝任务之后，可以挑选一个新的陶瓷动物收藏。

"选择奖励"这一章概括了两种选择奖励的方法，在儿童契约常用的奖励示例中做了总结。

常见问题：为什么孩子做他们该做的事情还需要奖励？

对于那些孩子已经能做到的任务，你不需要画蛇添足地引入契约。要针对的反而是他们一直很难做好的领域，或是他们想学的新技能，你可以考虑使用契约来帮助你激励孩子和支持他们取得成功。常见的家庭问题，比如孩子不完成家务，往往会导致消极的亲子互动。契约的达成要依托家庭成员之间的合作精神，这样才能推动积极的行为改变。

契约的附加要素

任务和奖励是契约的主要组成部分，其他三个部分属于契约的附加要素。这里我们再一次以莉莉的睡前契约为例，对附加要素的更多细节进行说明。

- **任务记录**：反映任务完成情况的可视化记录，例如日期旁边的检查结果标记。正如莉莉的契约所示，每当莉莉成功地躺在床上睡觉时，莉莉的妈妈就在任务记录表上画一个笑脸。

- **签字**：家长和孩子的签名。（如果孩子不会写字，可以用其他方式替代，比如，让孩子在家长替他们写好的名字旁边画一个圆圈——一个简单的波浪线也可以。）写上姓名象征着每个人都同意按照契约上的规定去做，而且都承诺会尽最大的努力让契约发挥作用。莉莉和她的妈妈都签了这份契约。

- **印章**：一个小图案，在某种程度上它反映了家庭特点或兴趣，并彰显了契约的特殊地位和重要性。在故事"游戏暂停"中，林恩是这么描述印章的——"这就像邮局在一封信上盖上'优先邮寄'的戳来保证这封信会在某一天送达一样。它让这个承诺更加正式"。孩子可以画一个自己喜欢的图案，或者也可以直接使用贴纸。莉莉在她的契约上使用了一张陶瓷动物贴纸。

免责声明与邀请

契约法并不适用于所有状况或每一个家庭。当把一份契约交给孩子时，不管它描绘的前景多么美好，都有无法实现的可能。但许多情况下，契约可以帮助你改变孩子的行为，让家庭的互动氛围变得更积极。也就是说，我们相信，每一个家庭只要尝试使用本书介绍的技巧，都能受益匪浅，对家人的想法、感受、愿望和目标会有新的洞察和理解。

下一步：

为了让你成功地使用契约法，在接下来的两章中，我们将更详细地探究如何挑选任务和选择奖励。我们建议你阅读第一部分中的九个故事，并与孩子分享，这些故事诠释了契约如何在常见的家庭场景中发挥作用，可以给你带来更多的灵感。

契约

## 任务	## 奖励
* 执行者：	* 发放人：
* 任务行为：	* 奖励内容：
* 时间：	* 时间：
* 完成标准：	* 奖励细则：

周日	周一	周二	周三	周四	周五	周六	周日	周一	周二	周三	周四	周五	周六

周日	周一	周二	周三	周四	周五	周六	周日	周一	周二	周三	周四	周五	周六

签字：＿＿＿＿＿＿＿＿＿＿＿

签字：＿＿＿＿＿＿＿＿＿＿＿

如何制订契约

 挑选任务 选择奖励 订立契约 履行契约

挑选任务是创建契约的第一步。任务一般是指你和孩子想要经常做的行为。

在本章中，你将了解：

- 什么是任务
- 家庭契约的常见任务
- 确定任务的两种方法
- 挑选任务的原则

挑选任务

契约会激励一个人做些不一样的事情，或是尝试以一种新的方式做某件事，例如，做得更好、更频繁或更持久，又或是做一些他们以前从未做过的事情。在行为契约中，这种行动被称为任务。制订契约的第一步也是最重要的一步就是确定任务。

在本章中，我们将讨论如何挑选任务。为了积累更多的背景知识，你可能想和孩子一起阅读"游戏暂停"的故事，看一个家庭是如何挑选一项任务的。

就第一份契约而言，我们建议你选一个孩子能成功完成的任务，而不要选择难度大或完成时间长的任务。这样做的目的是让签订契约变成孩子愿意重复体验的愉快经历。你可以以后再处理更严重的问题行为。此外，不要试图用一份契约改变多个行为。专注于一项切实可行的任务更有可能取得成功。

成功的家庭契约能带来一系列的好处，包括提高孩子独立自主的能力，改善孩子与父母和兄弟姐妹的关系，鼓励孩子帮忙做家务，支持孩子实现个人目标，以及推动孩子学习新技能。

下一页展示了家庭契约中常见的各种任务，请注意，所有任务都是期望的行为。当然，减少或消除不良行为是制订契约的一个主要原因。不过，就任务本身而言，选择用一个期望行为替代一个不受欢迎的行为必不可少。

比如，在"宠物危机"的故事中，四岁的马娅的契约任务是观看鱼儿游泳和轻轻地抚摸狗，对她来说，这两项都是新技能。如果任务是"不要往鱼缸里扔积木，也不要拽狗的尾巴"，这不仅不能让马娅明白自己应该做什么，而且也无助于她形成期望行为以及剥夺她得意地炫耀新行为的机会。

在"我自己来"的故事中，十岁的康纳在每个上学日的早晨都会故意拖延和争吵，造成混乱而紧张的局面。他的契约任务上则详细地说明了独立做好上学准备需要完成哪些步骤。他完成契约任务，家庭氛围祥和，他的自立能力增强了。如果把任务定成"早上不要哭或不要耽误时间"，可能就不会产生同样的积极作用。

成功小窍门：

　　确定一个期望行为，而不是一个有待减少或停止的不良行为。致力于积极的行为改变，不仅可以培养孩子的技能，还可以塑造孩子的性格。

家庭契约常见的任务

提高独立性

- 独自安静玩耍
- 自己穿衣服
- 洗脸、洗手
- 刷牙
- 按时做好上学准备
- 打包要带去学校的午餐
- 铺床
- 毫无怨言地上床睡觉
- 收拾玩具
- 挂好外套
- 独立完成家庭作业
- 按时服药

与家人和睦相处

- 听从指令，不争辩
- 帮助弟弟妹妹
- 与兄弟姐妹分享玩具
- 邀请兄弟姐妹一起玩
- 出门之前先征得同意

帮忙做家务

- 布置餐桌
- 准备部分饭菜
- 把脏盘子放在洗碗槽里
- 打扫卫生间
- 把洗好的衣服叠好、放好
- 给花园除草
- 把洗好的碗碟从洗碗机里拿出来 / 把碗碟放进洗碗机
- 换毛巾或床单
- 清理厨房台面
- 用吸尘器清扫地面 / 扫地
- 擦家具
- 喂宠物或遛宠物

实现一个目标或学习一项新技能

- 尝试一种新食物
- 练习一门乐器
- 学习一门新语言
- 交朋友
- 定期锻炼
- 培养一项新爱好

召开家庭会议

创建家庭契约的第一步是共同确定任务的内容。为了启动这个议程，请召开一次家庭会议。许多家庭发现，晚餐后在餐桌前开个会是创建契约和后续评估的好办法。第一次会议是最重要的，所以请你们至少抽出半小时的时间，以确定第一份家庭契约中每个人的任务和奖励，但也别操之过急。如果你们在第一次会议上没有达成共识，那就停下来，改天在第二次会议上继续讨论。

会议伊始，请向你的家人解释，契约是家长和孩子达成个人目标的一种方式，而且契约是奖励期望的行为，而不是惩罚不当行为或错误。你可以从本书前面的故事中列举一两份契约做讲解，或者全家一起阅读其中一个故事。接下来要解释你们将如何通过公开讨论或我们即将介绍的清单法来确定任务。

公开讨论

在家庭会议上，公开讨论是挑选任务的首选方式。你需要向家人们解释会议的主题：谈谈各种事情的进展情况，并确定为了改善家庭生活，你们每个人可以做哪些任务或采取哪些行动。

你首先发言，列举家庭成员（包括自己在内）可以做哪些积极的事情让生活变得更美好。记住，要专注于期望的行为，而不是抱怨你不喜欢的行为。你可能像"游戏暂停""林恩出份力"和"我自己来"这几个故事中的父母一样，已经有了想法，希望孩子完成什么任务。如果是这样的话，请直接说出你的想法，并说说你为什么认为做这项任务能改善家庭的现状。

然后让其他人畅所欲言，轮流说一说自己的建议，不要打断他们，也允许他们重复或扩展已经提到的看法。在每个人都说完之后，再组织大家围绕不同的观点进行公开讨论。

会议准则

保持积极乐观。告诉孩子什么事情进展顺利，而不是什么事情让你烦恼。孩子早就知道什么事情在折磨你——他们很可能已经听你说过许多次了。但如果你和他们说自己看到一切进展顺利，以及他们能怎样以新的方式为家庭做贡献，他们会很开心。

表述要具体。在谈论你（或他人）希望改变和改进的事情时，要尽可能具体，不要使用笼统的术语或标签。具体意味着解释一项任务时不会让人对任务的细节产生误解。

那么，在描述行为和提出期望的行为时，什么样的表述才算具体呢？可以参考下面这些例子。

不要说：	可以说：
玛莎有点邋遢。	我希望玛莎放学回到家就把外套挂起来，并把书包放在她的房间里。
我不喜欢布兰登回应我的方式。	我希望布兰登用平静的语气礼貌地跟我说话。
里德应该多出一份力。	我希望里德每天早上在狗的水碗里倒些新鲜的水，周末给植物浇水。
乔丹不帮忙做家务。	乔丹能收拾好杂物并倒掉垃圾的话，对我的帮助会很大。
我厌倦了每天早上给沙耶加穿衣服。	我希望沙耶加在上学前自己穿好衣服。

成功小窍门：

　　清晰、具体地描述积极行为是一份好契约的基础。

让孩子说话。首先要给每个孩子同等的机会表达自己的想法，其次要鼓励孩子说出他们希望的改变。同样的基本原则在这里也适用：不要抱怨，尽可能地保持积极的态度和使用具体的表达。

不要让孩子说：	他们可以说：
爸爸对我很小气。	我希望爸爸让我用他的工具。
妈妈总是说不。	我希望妈妈能让我做某件事。
我的房间就像一个猪圈。	如果我收拾好玩具，并把衣服都捡起来，我的房间会显得更好看。

孩子说的话可能会让你大吃一惊，他们经常能够洞察重要的家庭问题和相关的任务。通过公开讨论通常能确定合适的任务。

清单法

清单法是一种有条理的确定任务的方法。许多家庭，特别是孩子比较大、已经具备读写能力的家庭，喜欢使用这种循序渐进的方法。清单法要用到两种表格："我的任务"和"你的任务"。你们可以自己在白纸上制作这些表格，也可以复制本书中的表格，或者下载在线资源。（如果你们准备自己制作表格，请把一张白纸分成两栏。）

"我的任务"表。发给每人一张"我的任务"表，让每个人在左边列出他们现在做了哪些对家庭有帮助的事情，在右边写下他们将来还可以做哪些事情。有些事情你可能知道自己应该做，但还没有着手去做。或者说，也许有一些事情你以前从未做过，但你想开始做。具体怎么填写，你可以参考后面的例子，看看 14 岁的夏洛特和她的妈妈是如何完成他们的表格的。

　　"你的任务"表。在每个家庭成员完成"我的任务"表之后，发给每人一张"你的任务"表，然后按照下列步骤完成它。注意，你要为参会的其他人填写这张表，而不是为你自己。具体内容可以参阅其他家庭成员如何为德里克和爸爸填写"你的任务"表的例子。

- 在左栏的顶端写上"（名字）为家里所做的事情。"
- 在右栏的顶端写上"（名字）还可以做什么提供帮助。"
- 把你的表格传递给其他人。家里的每个人都会填写你的表格，你也会填写其他人的表格。
- 在左栏中，列出你注意到这个人现在为家庭做了什么。
- 在右栏中，列出你认为这个人可以提供更多帮助的方式。
- 把表格从一个人传给另一个人，直到每个人都在其他人的表格上写下自己的看法。

　　一个比较公平的规则是，每个人都应该在其他人的"你的任务"表的每一栏至少写一件事情。

　　后面的表格展示了八岁男孩德里克的妈妈、爸爸和姐姐夏洛特在德里克的表上写了什么，同时也展示了妈妈和两个孩子填完之后，爸爸的表格是什么样的。

我的任务：夏洛特

我为家里所做的事情

- 喂狗

- 清空洗碗机，把所有东西都放好

- 有时照看拉娜

- 帮爸爸洗衣服

我还可以做什么帮助家人和自己

- 准时吃晚饭

- 把我的足球训练时间和比赛时间记录在家庭日历上

- 回到家就把外套挂起来，并把书包放在我的房间里

- 练习弹钢琴

我的任务：妈妈

我为家里所做的事情	我还可以做什么 帮助家人和自己
● 上班	● 教夏洛特弹吉他
● 每周做三次晚餐	● 减少查看社交媒体的时间，多阅读
● 开车送夏洛特去参加足球训练和比赛	● 多和孩子们一起去游泳池
● 制订假期计划	● 在花园里帮忙
● 支付账单	

你的任务：德里克

德里克	德里克
为家里所做的事情	还可以做什么提供帮助
• 按照要求扫地和吸尘	• 把脏衣服放进脏衣篓里
• 整理自己的床铺	• 无需提醒，自觉做家庭作业
• 和布里安娜一起玩桌面游戏	• 晚餐后清理餐桌，并擦干净
• 把回收箱拿到路边	• 在前一天晚上打包自己的午餐
• 讲有趣的笑话，逗大家开心	
• 按时做好上学准备	

你的任务：爸爸

爸爸	爸爸
为家里所做的事情	还可以做什么提供帮助
• 上班	• 打扫地下室和车库
• 辅导孩子做作业	• 教孩子使用华夫饼机
• 周末做早餐	• 多和孩子一起打篮球
• 种植和照料花园	• 告诉大家网络故障时该怎么做，这样当爸爸不在家时，其他人就能修好
• 给在外地的家人寄生日贺卡	• 教孩子画漫画

成功小窍门：

　　对于孩子的第一份契约要挑选一个他们很可能成功的任务。更困难的行为挑战可留待以后处理。

　　在为孩子填写"你的任务"表时，多列举一些孩子当下正在做的积极行为，少写一点你希望孩子将来做的行为。注意把握好这个绝佳的机会，让你的孩子知道你看到了他们当前的努力，并且很感激他们的付出。

选择第一个任务

　　让每个人都仔细察看他们的两张任务表。然后依次帮助每个人确定哪个任务最重要，适合用来制订第一份契约。思考以下问题，有助于你们决定选择哪个任务：

- 如果这个人完成了这项任务，他会成为一个更好的家庭成员吗？
- 如果他们完成了这项任务，整个家庭会更快乐、境况会更好吗？
- 这个人能独立完成这项任务吗？（如果不能，我们怎么才能提高任务的可行性？）

如果对这些问题的回答都是肯定的，那么这就是一项重要的任务。当所有签署契约的人一致认为这项任务很重要时，契约才能发挥最大的作用。在"订立契约"这一章中，我们会解释如何具体说明任务"完成标准"的细节。

下一步：

在你们为每个人的第一份契约挑好了任务之后，就到了最有趣的环节。在下一章中，你们将为每一份契约选择合适的奖励。

如何制订契约

 挑选任务　 选择奖励　 订立契约　 履行契约

　　选择奖励是创建契约的第二步。已经有研究证实，奖励能积极促进行为的改变。

在本章中，你将了解：

- 奖励的目的
- 家庭契约中常见的奖励
- 确定奖励的两种方法
- 选择奖励的原则

选择奖励

　　如上一章所述，挑选任务是与孩子创建契约的第一步。接下来的第二步则是选择能够激励他们完成这项任务的奖励。只要能起作用，奖励无须（也不应该）很昂贵、复杂或耗费时间，它们可以是低成本的物品，或者最好是你们可以一起享受的兴趣活动或集体外出活动。有的时候，实际的奖励对你的孩子来说并不重要，他们更看重自己的行为带来的是积极后果，而不是惩罚。

　　奖励可以快速促进行为改变，提高孩子的成就感和满足感。当孩子体验到由成功和成就带来的自然奖励（natural rewards）时，你可能就不再需要契约了，这是时常发生的事情。

　　家庭契约中的奖励往往是出现在下列清单中的内容。

家庭契约的常见奖励

居家活动

- 打电子游戏
- 额外的睡前故事
- 涂色或画画
- 周末晚睡
- 请朋友来家里过夜
- 玩纸牌或桌面游戏
- 玩拼图游戏
- 做一些特别的食物
- 从最喜欢的餐厅点外卖
- 制作友谊手链
- 玩水晶泥

家庭外出活动

- 参观动物园
- 公园野餐
- 去游乐场
- 参观图书馆
- 在自行车道上骑行
- 举办篝火晚会
- 晚上拿着手电筒散步
- 看电影
- 出去吃比萨
- 徒步旅行

特殊待遇

- 选择冰淇淋的口味
- 在床上吃早餐
- 贴纸
- 抽奖袋的惊喜
- 无家务日券
- 选择晚餐吃什么
- 煎饼早餐
- 钱
- 娃娃的衣服
- 喜欢的原材料
- 收集的卡片
- 乐高一类的拼搭套件
- 玩具车
- 桌面游戏
- 儿童安全印章
- 额外的屏幕时间
- 电视节目或电影
- 美术用品
- 图书或杂志
- 新的应用程序（New app）

确定奖励的两种方法

在上一章中，我们建议召开家庭会议，集全家之力挑选一项契约任务。一旦你们就一项任务达成了共识，接下来便可以使用相同的家庭会议表格一起选择奖励的内容。可以从本书的故事中挑出一两份契约作为例子进行演示。接着通过公开讨论或清单法来确定潜在的奖励。

公开讨论

在大多数情况下，公开讨论是选择奖励的一种简单而直接的方法。让孩子提出一些想法。你可以考虑孩子喜欢的个人兴趣活动、集体外出活动和物品，提出自己关于奖励的建议。在"游戏暂停"和"林恩出份力"的故事中，虽然奖励是父母提出的，但孩子们都欣然接受了。

也可以准备一份奖励清单，孩子每次完成任务时，可以从中挑选一样奖品。例如，在"交朋友"的故事中，康纳和妈妈约定，每天他只要完成了契约上的任务，就可以从清单上三种不同的活动（或特殊待遇）中选一个作为奖励。

对某些任务而言，一种有效的奖励是让孩子做一直想做的活动，而不用增加新的奖励内容。在"数字问题"的故事中，四年级学生佩里在理解分数方面遇到了困难。佩里告诉父母，他想把数学学得更好，但又舍不得为了学习而放弃玩电子游戏。于是佩里制订了一份契约，任务是每个工作日的晚上都做十道数学题，只要他做完这些数学题，就可以在睡前玩一个小时的电子游戏作为奖励。这个奖励成了佩里在晚餐后立刻学习数学的一大动力。

常见问题：如果未完成任务，施加惩罚会让契约更有效吗？

我们不建议在没有完成任务时施加惩罚的做法。施加惩罚往往会造成消极的亲子互动体验，这会引发许多不良的后果，如争吵、对惩罚的焦虑，以及 / 或者完全退出契约。研究表明，只设置奖励的契约与设置了惩罚的契约同样有效，而且不论是孩子还是家长，都更喜欢只有奖励的契约。

清单法

清单法是一种有条理的确定奖励的方法。许多家庭，尤其是那些孩子的年龄比较大、能自己阅读的家庭，喜欢采用这种循序渐进的方法。每个家庭成员都要填写一张"我的奖励"表。（你可以自己在白纸上做一份"我的奖励"清单，也可以复制这本书中的表格。）

让孩子在表格上列出他们喜欢的东西作为完成任务的备选奖励。你也可以把清单内容划分出个人兴趣活动、集体外出活动和特殊待遇等多个类别。

具体形式可以参考下页的例子，这是 14 岁的夏洛特填好的"我的奖励"表。为了更好地说明，我们还列举了另一个例子，你可以看一看夏洛特爸爸制作的奖励清单。

在所有人都填完表格之后，可以让每个家庭成员依次从自己的清单中选出一个他们希望在完成契约任务之后收到的奖励，然后组织大家讨论各自的抉择。孩子有时会故意在奖励清单中列出一些比较昂贵或者稀奇古怪的物品测试父母。他们知道这些是不可能实现的，所以你只需微笑着或大笑着说："那不是很好吗！现在，让我看看其他更合理的选项。"

挑选奖励的原则

下列问题可以帮助你们确定奖励：

● 孩子对这个奖励非常感兴趣吗？你希望孩子的第一份契约就能成功，所以请挑选一个特别的奖励。不要过于慷慨，但也别吝啬。

● 这个奖励合理吗？它适合这项任务吗？奖励必须恰当，与完成任务需要付出的努力相匹配。在下一章"订立契约"中，我们将探讨如何确定奖励的"细则"部分。

我的奖励：夏洛特

居家活动

- 听音乐
- 玩在线文字游戏
- 做数独游戏
- 在跑步机上跑步

特殊待遇／项目

- 新的连帽衫
- 新枕头
- 新的跑鞋
- 数独游戏书

社会活动

- 出去吃比萨
- 打保龄球
- 在新的自行车道上骑行
- 看一部电影

其他

- 有更多的时间给朋友发短信
- 请朋友来家里过夜
- 休息几天，不用收拾洗碗机

我的奖励：爸爸

我最喜欢的活动、事情和特殊待遇

- 和妈妈出去吃饭

- 周二晚上和朋友玩智力问答游戏

- 和夏洛特一起去打保龄球

- 和孩子们一起去看电影

- 在家看老电影

- 不受干扰地看周日的报纸

- 买最喜欢的咖啡豆

- 你能在孩子每次完成任务时痛快地给出奖励吗？在完成任务后立即或很快收到的奖励是最有效的。对第一次签契约的孩子来说，尤其如此。我们将在下一章"订立契约"中探讨如何选定给予奖励的时间，以及如何在契约中记录细节。

- 如果任务没有完成，你会扣除奖励吗？如果孩子没有完成任务，他们就得不到奖励。如果你不遵守这条规则，向孩子的抱怨或乞求让步，你就是在奖励和强化那些不受欢迎的行为，而不是写明在契约上的期望行为。

下一步：

    一旦你选定了任务和奖励，就该把它们纳入契约了，我们将在下一章"订立契约"中介绍具体的操作。

我的奖励：

居家活动	特殊待遇／项目
●	●
●	●
●	●
●	●
社会活动	其他
●	●
●	●
●	●
●	●

如何制订契约

挑选任务　　选择奖励　　订立契约　　履行契约

　　订立契约是契约法的第三步。这一步将任务和奖励结合起来，形成"如果……那么……"的条件关系。

在本章中，你将了解：

- 编写任务的细节
- 编写奖励的细节
- 创建任务记录
- 审核、签署契约，并给契约盖章

订立契约

家庭契约的编写方式有许多种，我们推荐使用标准格式以确保契约能包含所有的关键要素。你可以复制这本书中的契约表格，或者下载和打印它们[1]。

至此，你已经挑选了一项任务，也选定了一个奖励——完成了创建契约的前两步。在第三步——订立契约中，你和孩子将围绕"如何清楚地描述任务和奖励"展开讨论、协商，并记录下具体的细节。

要订立契约，请从一张空白的契约表格开始，填写任务的具体情况：

- **执行者**：写下将要完成这项任务的人的名字。

- **任务行为**：写下任务名称，简要地描述任务内容。现在是时候确定应该什么时候做这项任务、必须做到什么程度，以及是否允许有例外了。

---

1 编注：书中提供的所有表格工具和契约模板都可以关注"华夏特教"公众号获取。

常见问题：我为什么要和孩子协商呢？

孩子越是觉得自己是契约签署者，契约就越有可能会奏效。倾听孩子的意见并采纳他们的建议，表明你尊重他们的看法、想法和担忧。他们可能会提出一些你没有考虑过的问题。如果你保持开放的心态，认真倾听，有商有量，并致力于达成一个彼此都能接受的协议，契约法就更有可能生效。

应该什么时候完成任务？

几乎每一份契约都要有时间要素。这里需要思考一些问题：任务应该每天做一次、每周做一次，还是每天（或每周）最少做几次？有必要在特定的时间点开始和（或）完成任务吗？任务需要在一段时间内执行吗？在"宠物危机"的故事中，马娅必须在两个时间段里"善待宠物"：一个时间段是从幼儿园放学回家到晚餐前，另一个时间段是从晚餐后到就寝前。

只要在规定的日期或时间内完成任务，孩子想什么时候开始做都可以吗？例如，如果任务是每周"练习钢琴"四次，那么契约上可以写孩子"在一周之内任选四天练习"。

以下例子说明了孩子必须在什么时间完成任务：

- 在"数字问题"的故事中，佩里的契约规定，他会在晚餐后花半个小时做分数题。

- 在"林恩出份力"的故事中，林恩的契约规定，她要在周一到周五的下午 4:30 开始准备晚餐。

- 在"我自己来"的故事中，康纳的契约明确要求，他必须在每个上学日的早上 7:45 之前准备好乘坐校车。

一旦你和孩子讨论并确定了必须完成任务的时间，就在契约的"时间"旁边写下具体要求。

如果契约不是长期有效的，那就把有效期写在契约上。例如，林恩和妈妈的契约有效期为三周。

任务必须完成到什么程度？

契约中的"完成标准"部分旨在预防人们对"任务是否已经完成"这一问题产生分歧。每个人都必须理解和同意这个部分的内容。没写清楚做到哪一步代表完成任务，是契约失败的一个主要原因。

在"游戏暂停"和"漏洞"这两个故事中，将杰夫的契约中"收拾房间"一项的标准具体化对一家人来说很重要。杰夫的第一份契约没起作用，直到他和爸爸精准地定义了"收拾过的"卧室是什么样子。杰夫和爸爸讨论了如何修改契约，并确定了以下修订清单：

- 把地板、床、桌子和椅子上的所有衣服都捡起来。衣服必须收好放在斗柜里或挂在衣柜里。

- 把吉他放进琴盒，把模型和书放在书架上。

- 清理桌面。把铅笔放到桌上的笔筒里，把家庭作业装进书包。
- 整理床铺。

之后，杰夫可以把这份清单当作他需要做什么的检核表。

以下是一些定义任务完成标准的其他例子：

- 在"数字问题"的故事中，佩里修订之后的契约规定，他必须做对十道分数题。
- 在"我自己来"的故事中，康纳的契约要求他完成"做好上学准备"任务的四个步骤。康纳的妈妈拍下了他做每一步的照片，并把它们附在了契约上。
- 在"兄弟姐妹联合起来"的故事中，林恩的任务"给杰夫上烹饪课"中明确规定，她会解释每道菜的制作步骤，并让杰夫动手尝试每一步。

成功小窍门：

拍照片是一个好办法，它可以准确地展现完成任务是什么样子的。孩子也能很轻松地用照片比对自己的努力结果。可参阅第 15 章中乔希布置餐桌的契约。

一旦你和孩子讨论并确定了任务必须完成到什么程度，就把这些要求写进契约的"完成标准"一栏里。

允许有例外吗?

在定义任务时需要考虑的最后一件事是例外。有些任务必须每天都做，如喂猫、为饥肠辘辘的家人做饭，或按时上床睡觉。但其他任务并非如此，例如练习乐器、整理床铺，或帮助其他家庭成员完成一个特殊项目，孩子在做这类任务时可能会偶有遗漏，但不会因此失去奖励。

如果你打算接受例外，最好在一开始就作出决定，并提前把它们写进契约里，这样以后就没有人为此争辩了。这也是经常需要协商的内容。

在"漏洞"这个故事中，杰夫问爸爸："万一我漏了一天怎么办？那是不是意味着我就得不到奖励了呢？所以我们周六就不能共度特别时光了？"

他的爸爸提到了一个例外，他说："让我们写上'如果每周有一天没有完成任务，仍能获得奖励'。但只有一天——不能再多了！"然后他们在契约上写明，如果杰夫每周有一天没有完成任务，也不会失去奖励。

林恩和妈妈签订了为期三周的契约，在此期间，如果她有一天没有准备晚餐，仍然可以得到奖励。

一旦你和孩子讨论并决定了是否允许发生例外情况，就把具体细节写进契约的"时间"或"完成标准"一栏里。

下页的图表展示了菲尔茨一家是如何对每个家庭成员的任务时间、完成标准和例外情况进行具体说明的：九岁的扎克要和五岁的妹妹泽尔达一起玩；姐姐佐拉要放取洗碗机里的餐具；爸爸要多花时间陪佐拉；妈妈要多锻炼。

成功小窍门：

　　设定孩子能够达到的合理期望。如果这一天发生了糟糕的事，可能会减少孩子获得奖励的机会，那么就不要在这种时候订立契约。提前在契约中写明例外情况，正说明了在现实生活中没有人是完美的，这没什么问题。

任务	时间	完成标准	例外
扎克： 和泽尔达一起玩	· 平时：在晚餐前或晚餐后 · 周六和周日：每天两次	从下列活动中任选一项或几项，连续玩 15 分钟： · 和泽尔达一起玩游戏 · 给泽尔达读故事 · 和泽尔达一起搭积木 · 教泽尔达如何写她的名字和数字 1～10	可以缺勤一个工作日
佐拉： 把碗碟放进洗碗机，洗完之后再取出来	· 周一到周五下午 5 点前取空 · 晚餐后 30 分钟放好	· 取出：把所有干净的盘子收起来 · 放进：把所有脏盘子放进洗碗机里	如果遇到下列情况，佐拉可以不做： · 去朋友家吃晚餐 · 第二天有考试或有学校作业要交
爸爸： 多花时间陪佐拉	每天	从下面任选两项活动和佐拉一起完成，每项至少 10 分钟： · 谈论校内外的活动 · 询问她对某件时事的看法 · 邀请她做一些事情，比如散步 · 和她一起玩电子游戏	· 如果一项任务能坚持 20 分钟以上，则可以只做一项，而不是两项 · 佐拉可以申请开展选项之外的活动，但爸爸可以否决
妈妈： 锻炼	每周三天	从下列活动中任选一项： · 瑜伽（20 分钟） · 跑步（约 1.6 公里） · 健身单车（20 分钟） · 线上普拉提课程	无

写明奖励的细节

一份好的契约对奖励的说明与对任务的说明一样具体、明确。

谁给予奖励？奖励是什么？

先把提供奖励的那个人的名字写在"发放人"一栏，再把对奖励的描述写在"奖励内容"一栏。大多数契约都是明确规定一个奖励，但也可以列出一份奖励清单，然后让孩子在每次完成任务后从中选择一个。给孩子选择权，有助于培养他们的自我能动性（self-agency）。这种多样性也可以防止孩子对相同的奖励感到厌倦。例如，在"交朋友"的故事中，每天康纳在学校完成"与其他学生交谈"的任务之后，回家都可以从三种不同的奖励中进行选择。

什么时候发放奖励？

接下来要做的是明确发放奖励的"时间"。奖励向来是在任务完成之后兑现的。如果可能的话，应该在孩子做完任务后立即把奖励发给他。在"数字问题"的故事中，佩里只要做完十道数学题，就可以开始玩电子游戏了。在"宠物危机"的故事中，马娅与宠物友好相处的时间达标之后，她的姐姐或父母中的一位就会马上给她读一个故事。

有些契约要求必须完成规定次数的任务之后才能获得奖励。"为不会阅读的孩子提供图片契约"一章中，乔希的奖励是和爸爸一起制作他最喜欢的甜点，要想拿到这个奖励，他需要布置五次餐桌。在"什么是契约法"一章中，莉莉必须上床睡觉，并且要连续四天遵守契约的要求才能获得奖励。

有些奖励只能在特定的时间提供。例如，在"游戏暂停"的故事中，杰夫和爸爸一起参加特殊活动的时间是周六。

下面还列举了一些奖励不是在任务完成后立即发放的例子：

- 在"林恩出份力"的故事中，林恩和妈妈一起去跳蚤市场挑选书桌的时间是月底。
- 在"我自己来"的故事中，康纳如果在早上做好了上学准备，并且是按照契约要求执行的，那么那天放学后，他就会收到一个乐高人物模型。
- 在"爸爸妈妈，现在轮到你们了"的故事中，林恩和杰夫的父母可以挑选一个周末的晚上来接受奖励——由孩子们亲手制作的特别晚餐。

给多少奖励？

参与制订契约的每一个人都认为与任务相关的奖励和奖励的数量是公平合理的，这一点非常重要。适当的奖励应该足够有吸引力，让孩子在完成任务的过程中有所期待，但切忌过头，奖励太复杂、太昂贵都不好。例如，唐和他的父母一致同意，如果他一周洗四次碗，就可以在周日请一个朋友来家里吃晚餐。这看起来是个很公平的契约。但如果奖励是周六邀请他的全班同学来聚会，那这样的奖励就有些过头了。

记住，签署契约的每个人都必须认可这个奖励是公平合理的。这里有一些公平和不公平奖励的例子。

任务	公平的奖励	不公平的奖励
每天晚上做家庭作业	一个小时的屏幕时间[1]	10分钟的屏幕时间（时间太短）
每周练习三次单簧管，每次30分钟	每两周点一次比萨	练习单簧管的每天晚上都吃比萨（次数太多了）
一周叠两次衣服	连续完成四周后可以看一场电影	在接下来的几个月里看一场电影（时间跨度太长，吸引力小，而且时间不明确）
按要求在五分钟内关掉电子设备	第二天有额外30分钟的屏幕时间	在周末有额外30分钟的屏幕时间（奖励不及时，而且吸引力不大）

---

1 编注：屏幕时间，即看电视、玩游戏或使用带有屏幕的电子设备（如智能手机或平板电脑）的时间。

成功小窍门：

　　如果能连续完成一定次数的任务或在一段较长的时间内完成任务，那么可以设置额外的奖励。

额外奖励

　　有获得额外奖励的机会可以让契约对孩子产生更大的激励作用。例如，在"我自己来"中，康纳每天早晨都成功地做好了上学准备，当天也获得了一个乐高人物模型。在完美地完成了一周的任务后，他得到了一个额外的乐高人物模型作为奖励。任何有关额外奖励的要求都应在契约里做详细说明。

　　下表展示了菲尔茨一家是如何明确规定奖励的内容、发放时间，以及每个契约任务的奖励细则的。

任务	奖励内容	发放时间	奖励细则
扎克： 和泽尔达一起玩	· 额外的屏幕时间 · 妈妈的"秘制"爆米花 · 拼拼图 · 额外奖励：邀请朋友来家里过夜	· 每天晚餐后 · 额外奖励在完成契约要求的两周后	每天选一个： · 10 分钟的额外屏幕时间 · 一小碗爆米花 · 2 片家庭拼图的拼图块（完成拼图后，全家可以周末出游一次） 额外奖励：朋友来家里过夜，还可以选择看电影或早餐吃奶昔
佐拉： 把碗碟装进洗碗机，洗好了之后再取出来	晚餐可以选择最喜欢吃的菜	周日	每两周一次
爸爸： 多花时间陪佐拉	我不需要专门的奖励，和佐拉在一起就足够了	每天	去钓鱼，只有佐拉和我
妈妈： 锻炼	· 阅读有趣的书 · 看剧 · 额外奖励：和朋友出去吃饭	每天：在孩子们上床睡觉以后 额外奖励：连续两周完成契约任务后	每天选择一个： · 阅读 1 小时 · 看 1 小时的剧 额外奖励：去休闲餐厅

创建任务记录

使用检查符号、五角星或贴纸等方式在契约上标记任务的完成情况，可以给孩子持续提供积极的视觉反馈，也可以提醒你及时认可和表扬孩子的点滴进步。莉莉每一次成功就寝的次日清晨，妈妈都会夸奖她，并在契约的任务记录上画上一个笑脸。这让莉莉对自己连续四天的任务完成进度一目了然，也让妈妈可以轻松地评估契约的日常运作情况和长期效果。

大多数情况下，任务记录可以直接包含在契约中，如本书中的例子所示。或者，任务记录可以单独用一张纸，这样就有更多的空间来记录任务的进展。

成功小窍门：

自动上墨的印章和贴纸是一种有趣的记录方式，可以在孩子的任务记录表上标记彩色的星星、笑脸或其他积极的符号。彩色记号笔、钢笔和蜡笔也适用于手写符号（如打钩），或者填充空白形状（如一排圆圈）。

审核、签署契约，并给契约盖章

现在，你们已经写好了任务和奖励，并创建了一个任务记录表，万事俱备，只差签字了。在签字之前，你和孩子都应该仔细地审核一下契约，一是确保它把一切都写清楚了，二是确定你们俩都同意其中的内容。

下面这个检核表中的问题会帮助你们确定自己是否准备好了敲定契约的各项条款。如果你和孩子能够自信地对每个问题回答"是"，说明这份契约是完整而清晰的。如果其中有一个或几个问题，你们还不能肯定地回答，务必探其究竟并讨论如何解决。

契约检核表

· 这项任务对你和你的家人重要吗？

____ 是 ____ 否 / 不确定

· 有例外情况吗？如果有，对它们的描述清晰吗？

____ 是 ____ 否 / 不确定

· 每个人都明白这项任务必须做到什么程度吗？

____ 是 ____ 否 / 不确定

· 奖励公平吗？

____ 是 ____ 否 / 不确定

· 你是否清楚必须在什么时候做任务？

____ 是 ____ 否 / 不确定

· 你是否清楚如何做任务记录，谁来做？

____ 是 ____ 否 / 不确定

一旦你们能对上述所有问题做出肯定的回答，那么就该在契约上签字了。把自己的名字写在契约上意味着承认：这项任务很重要，奖励很公平，契约将按书面规定得到执行。不会写字的孩子可以画一个符号（如涂鸦或 X），或者可以让家长（或哥哥姐姐）写下孩子的名字，然后让孩子在旁边画个圈。

　　最后加盖你们家庭的印章，契约就准备好了。有关印章的例子，请参阅本书中的契约样本。

下一步：

　　在下一章中，我们的建议主要围绕两个内容展开：履行契约，以及评估契约对孩子的行为和家庭幸福感的影响。

如何制订契约

 挑选任务　　 选择奖励　　 订立契约　　 履行契约

　　既然你们已经写好了契约，下一步就是将它付诸实践。

在本章中，你将了解如何：

- 让执行契约有一个良好的开端
- 填补契约的"漏洞"
- 评估契约
- 渐褪和终止契约

履行契约

当你读到这个部分时，很可能你已经与孩子签订了一份契约，并且为此投入了大量的时间和精力。现在是时候依据这份契约付诸行动了。

良好的开端是成功的一半

在履行契约时，下面这些原则可以帮助你将成功的概率最大化。

对契约的启动报以极大的热情。让孩子知道，你很高兴他们愿意尝试契约，而且你认为你们一起朝着一个目标努力会很有趣。

结合孩子的年龄和任务的特点，你可以这样说：

- "一想到能和你一起尝试这份契约，我就激动不已。我知道你一定能完成它。"
- "我跟奶奶谈起了你的契约，她很期待下周过来的时候能看到它。"

- "我很高兴我们能作为一个团队一起做这件事情。"

让契约发挥作用。不要提示孩子去做契约上的任务。签订书面契约的好处之一就是不需要不断地提醒、唠叨、请求或监督孩子。请相信孩子会采用新的行为方式，这也是展示你信任他的好机会。

表扬孩子完成了任务。你的表扬是改变孩子行为的最有效的工具之一。当孩子在做任务时，给予真诚的表扬和具体的反馈会比对他没有做任务的训斥和惩罚更有效。

及时而具体的表扬是最有效的。在孩子完成任务后，要尽快表扬他们的行为。说"干得好"是挺积极的，但这并不能准确地指出孩子做了什么事值得你给出积极的反馈。如果你经常说这句话，它很可能会失去影响力。

要针对具体行为做出表扬，下面列举了一些例子：

- "你的房间看起来美观又整洁。现在你的书桌有足够大的空间了，你终于可以做你的项目了，这真是太好了！"
- "做对了这么多数学题，感觉一定很好。这应该会让你对下一次数学测验更有信心。"
- "我很开心你早上看起来没有那么手忙脚乱了。现在我们可以在上学前一起轻松地享用早餐了。"
- "谢谢你帮忙洗碗，让我在忙碌了一天之后能好好地休息一下。"

非言语的反馈，比如拥抱、击掌和碰拳，也能向孩子表现出你为他们的成就感到骄傲。

只奖励成功完成了的任务。如果你的孩子没有按照契约的要求做任务，不要指责或训斥他们。如果孩子问为什么他们没有得到奖励，平静地讲述契约的要求，并鼓励他们下次抓住机会完成任务。

填补契约的"漏洞"

契约在实施之后往往需要做一些调整。如果你们遇到了问题，可能需要对契约做一些小的调整，把任务描述得更加明确，或者换一个更能激励孩子的奖励。

在"游戏暂停"的故事中，杰夫和爸爸的第一份契约没起作用，是因为他们对"房间收拾过后应该是什么样子"持有不同的看法。接着，在"漏洞"的故事中，杰夫和爸爸讨论了各自的期待，就任务细节达成了共识，并修订了契约，之后的结果显示契约发挥了其效用。

那些期望立即改变太多行为的契约往往不会奏效。在"宠物危机"的故事中，四岁的马娅的契约最初要求她从下午放学回家到就寝之前一直都要善待宠物。马娅想履行她的契约，但那段时间对她来说太长了。

即便孩子能够持续完成任务，契约的效果仍然可能会不尽人意。在"数字问题"的故事中，佩里按照契约的规定学习了半小时的数学，但他的数学成绩并没有得到提升。把任务改为"完

成功小窍门：

如果契约不起作用，那就改变它！即使是计划最周密、安排最上乘的契约，也常常需要经过微调才能发挥效用。

成十道分数题"之后，佩里才实现了在数学学科上取得更好成绩的目标。

如果事情没有按照制订契约的初衷那样发展，不要直接放弃，请效仿本书中这些家庭的做法——填补漏洞，修订，然后再试一次。大多数的契约问题都是由下表中列出的某个原因造成的。如果其中一个问题及可能的原因与你们的情况相符，那么这些可能的解决方案可以助你一臂之力。

问题	可能的原因	可能的解决方案
你和孩子对任务是否完成的判断存在分歧。	·任务说明不清晰。	·参见"订立契约"一章。 ·讨论、协商并重写契约的任务"时间"和"完成标准"部分。
孩子的行动达不到任务要求。	·孩子没有理解这项任务。 ·任务说明不清晰。 ·这项任务对孩子来说太难了。	·观察孩子是怎么做任务的并给予反馈。 ·表扬孩子付出的努力。 ·提供视觉辅助（如照片）或听觉辅助设备（如计时应用程序）。（参见在线资源[1]） ·修订契约中的任务细节。 ·更改任务的要求。 ·考虑一下你是否公平地评判了孩子的努力。问问你自己：以孩子现在的能力，他们是否做到了"全力以赴"？
孩子从不尝试这项任务。	·孩子忘记了。 ·奖励没有提供充足的动力。 ·孩子从来没想过，也没打算做这份契约。	·把契约放在显眼的地方作为提示。 ·教孩子使用计时器或应用程序作为辅助。 ·与孩子讨论更换奖励（参见"选择奖励"一章）。 ·问问孩子为什么在签了契约之后不去尝试这项任务。听听他们的回答，看看能否一起解决这个问题。 ·参见"如果孩子不愿意尝试契约法"一章的内容。

---

1 编注：读者如需获取在线资源，可登录"华夏特教"公众号的知识平台。

问题	可能的原因	可能的解决方案
孩子对契约不以为意。	· 孩子习惯了争吵和无视你的指示。	· 参见"如果孩子不愿意尝试契约法"一章的内容。
在完成任务并收获了一两次奖励之后，孩子对契约失去了兴趣。	· 孩子可能想从你那儿获得更多的关注。 · 这个奖励不再能激励孩子。	· 孩子每次完成任务，你都给予他关注和具体的表扬（参见第143页关于表扬的内容）。 · 让孩子从奖励清单中做选择。 · 对连续完成任务（如完美的一周）给予额外的奖励。
孩子确实完成了任务，但根本问题并没有得到解决。	· 契约的重心可能放在了错误的任务上（例如，佩里花了半个小时学习分数，而不是解答十道分数题）。	· 讨论订立契约的原因。重新审视它要解决的问题和它要达成的目标。 · 如果这项任务不能直接帮助你们解决问题或实现目标，那就挑选其他可以解决问题的任务。
契约"有用"，但你或孩子对此并不满意。	· 契约要求做的任务太多。 · 奖励对孩子来说没什么意思。	· 重新审视整个签约过程，参见"挑选任务""选择奖励"和"订立契约"这三章。

评估契约

一旦你们开始履行契约，除了填补契约的"漏洞"，确保孩子正在做任务以外，你还要密切监控，并经常从客观和主观两个角度重新评估整个实施过程。这里有一些评估建议：

观察孩子的行为。 任务记录可以对孩子的行为进行追踪，它是一种评估契约是否成功改变行为的客观工具。任务记录可以显示孩子完成任务的情况。

请仔细思考以下问题。与孩子分享想法，并收集他们的反馈。

问问你自己：

- 孩子在规定的时间内正确完成任务了吗？

- 与契约实施前相比，孩子的行为有改善吗？哪怕只是一点点改善。

- 孩子获得奖励了吗？你有没有及时地把奖励给他们？

如果对上述问题的回答都是肯定的，那么这份契约在最基本的层面上是成功的。

考虑每一位家庭成员的观点。 虽然契约可能会带来期望的行为改变，但这并不是衡量成功的唯一标准。考虑每个参与者对契约实施过程的感受也很重要。

问问自己：

- 孩子在完成任务后感觉满意吗？

- 孩子喜欢这个奖励吗？

- 契约法对你和孩子的关系有积极的影响吗？

- 你能轻松自如地使用契约法吗？

如果对上述任何一个问题的回答是否定的，请和孩子一起看看是否可以调整契约的内容，或更换一种履行方式，让契约更有效，让所有家庭成员都更愉快。

如果情况允许的话，请召开一次家庭会议，除了分享你对事情进展的个人评估之外，还要分享任务记录，听听不同的声音。如果可以，问问孩子和其他家庭成员：

- 你认为契约进展得怎么样？

- 你有什么改进的建议吗？

你可以使用本章中的填补漏洞表，并参考前面各章节的内容或相关的故事来引导谈话。

继续一起微调。当你和孩子就任何变更达成一致后，把它们记录到原始契约上，并在更改处的旁边签上姓名缩写。如果变化很大，请起草一份新契约。

渐褪和终止契约

在大多数情况下，契约都不是为了永久存在而设计的。契约法只是一种过渡工具，它可以帮助孩子习得积极的行为，直至它们成为孩子日常生活的一部分。

有些契约可以从一开始就设定期限，还有些契约则可以在实施过程中渐褪。研究表明，以下是渐褪契约的有效方式。

- **由你控制任务和奖励。**你和孩子一起确定任务和奖励，并对它们进行具体说明。你负责监督孩子的行为表现，并将其记录在任务记录表上。你发放奖励。

- **孩子检查任务，你发放奖励。** 先从联合监督开始，你教会孩子检查自己的任务表现。一旦孩子的检查是准确的，就允许他们进行自我监督。当孩子告诉你完成了任务时，你就提供奖励。

- **由孩子控制任务和奖励。** 由孩子决定什么时候完成任务，以及何时获得奖励，或是从一个奖励清单中挑选。

- **你的孩子在没有奖励的前提下也能完成任务。** 孩子不再需要奖励推动自己完成任务。他们对积极的行为改变已经习以为常。

- **如果有需要，孩子可以创建一份新的自我契约。** 当最初的契约圆满收工后，孩子可能会很享受创建一份自我契约的过程——这一次将由他们确定新任务和奖励自己的方式。他们甚至可以独立操作整个签约过程，具体情况取决于孩子的实际年龄和能力水平。

保持合作

孩子可能会立刻签订契约，也可能在你对契约进行完善之后再选择签约。在试行之后需要对契约内容改进是很正常的，我们鼓励你与孩子携手解决问题。如果孩子仍然觉得契约法让他们浑身不自在，请通过各种途径了解其他的积极教养策略。

即使契约法不能解决最初的问题，它也能支持孩子尝试新方法。仅仅是参与契约签订的过程就能帮助孩子学习一系列技能，包括解决问题、协商和维护自身的利益。

我们希望你和家人签订许多成功的契约。如果本书能帮助你以积极的方式改变孩子的行为，并能促成家庭关系的改善，对我们来说就是最大的荣幸。

下一步：

最后两章会讨论到一些特殊状况：如何为不会阅读的孩子提供图片契约，以及如果孩子不想尝试契约法，该怎么办。

如何制订契约

挑选任务　　选择奖励　　订立契约　　履行契约

　　契约不一定非要用文字写出来。不会阅读的孩子也可以参与契约制订。

在本章中，你将了解：

- 如何制作一份图片契约

为不会阅读的孩子提供图片契约

虽然契约通常是用词语、短语或短句书写的，但如果孩子不会阅读，或者他更愿意使用图片，你也可以使用图片或符号表示任务和奖励。

图片契约对这些不会阅读的孩子有效：

- 学龄前儿童（3～5岁），如"宠物危机"故事中的马娅。
- 阅读和书写能力有限的儿童。
- 年龄较大的特殊需要儿童，他们缺乏阅读技能，但是能理解契约中的任务与奖励之间的条件关系——"如果我做了这件事，那么我就会得到那个"。

乔希不会阅读，他的识字能力有限，但是他听得懂口头指令，让我们来看看为乔希制订的一份图片契约。

契约

任务	奖励

签字： 乔希　　　2月14日

签字： 爸爸　　　2月14日

任务

在这个例子中，乔希的任务是布置餐桌。照片说明了契约的任务部分：

- **执行者和任务行为**：一张照片展示了乔希正在布置餐桌。
- **时间**：一幅时钟的图像显示了他应该开始做任务的时间，便于他按时完成任务。
- **完成标准**：一张照片展示了餐盘、银质餐具、玻璃杯和餐巾被摆在一张餐垫的适当位置上。乔希可以把他摆放每件物品的位置与照片显示的位置做对比，进而验证他是否正确地完成了任务。

奖励

在这个例子中，奖励是乔希可以和爸爸一起做甜点。照片说明了契约的奖励部分：

- **发放人和奖励内容**：一张照片展示了乔希和爸爸正在烤饼干。正下方是三张其他甜点的照片——乔希可以从这四种甜品中选出一种和爸爸一起制作。
- **时间**：契约上有一排五个空圆圈，它们代表乔希需要累计完成几天任务才能获得奖励。每天在乔希摆好餐桌后，爸爸或妈妈会给他一张圆形的贴纸，他将贴纸贴在空圆圈上。当五个圆圈全都贴上贴纸时，乔希就可以从四种甜点中选出一种与爸爸一起制作。
- 除了显示何时可以获得奖励，这五个圆圈还可以用作任务记录。每当乔希在其中贴上一张贴纸时，他和父母都能看到他的进步。

- **奖励细则**：四种甜点的照片向乔希展示了他可以选择的甜点选项。

乔希选择了一个厨师机的图案作为契约印章。

成功小窍门：

    第一份契约的有效性尤为重要，它能帮助不会阅读的孩子理解任务与奖励之间的条件关系。虽然乔希必须连续五晚布置餐桌，才能和爸爸一起做一份特别的甜点，但他每次摆好餐桌后都会在契约上贴一张贴纸，这是立竿见影地展示完成任务之后的积极后果。

契约中的图像

    当只使用图片或图画而不是文字说明契约的每个部分时，首要目标是找到或创作孩子能理解的图像。它们代表的意义应该很清楚，它们的内容要尽可能具体。图像可以包括以下任何一种或多种组合资源：

    个性化的照片。给你的孩子拍一组与契约任务和奖励相对应的照片，比如，这项任务是怎样做的（例如，整理床铺），以及任务需要做到什么程度（一张整洁的床铺的照片）。在"我自己来"的故事中，康纳的妈妈拍下了他完成"做好上学准备"任务的每一步的照片。在"宠物危机"的故事中，一张马娅最喜欢的三本书的照片代表了给她读一个故事的奖励。

来自网络资源或印刷出版物的图片。如果你在网上搜索图像，那么你用来搜索的关键词要尽可能具体，关键词除了描述任务和奖励物品之外，还要包括场景（比如"卧室"），即这项任务将在哪里完成。在马娅的契约中，"善待宠物"的任务是用一个女孩与一只狗快乐玩耍的照片体现的——她的家人在一本杂志的宠物食品广告中发现了这张照片。

手绘图像。如果孩子或其他家庭成员喜欢画画，他们可以用插图说明契约的内容。这些图不一定是艺术作品，只要能足够清晰地传达任务和奖励是什么就可以了。为了解释"看着鱼儿游泳，而不是打搅它们"，马娅的姐姐画了一幅画——一个女孩正看着鱼在鱼缸里游来游去，他们的脸上都挂着灿烂的笑容。

符号或图标。乔希的契约上有五个圆圈，表示他需要累计完成五天任务才能获得奖励。

可视化的任务记录。可以使用视觉线索而不是数字线索帮助孩子记录已完成的任务。乔希每次完成任务后都要用贴纸填充圆圈，这是一个可视化任务记录的例子。他也可以在五个圆圈里涂色，涂满五个即可得到奖励。

表示时间的方法

许多契约都会涉及时间因素。这里有一些用图像而不是文字说明时间的视觉方法：

- **钟面**。即使孩子不会看时间，你也可以使用钟面来显示具体时间。例如，如果孩子可以在晚上 7:00 ～ 8:00 获得一段屏幕时间作为奖励，那么画一张晚上 7:00 的钟面和一张晚上 8:00 的钟面，并准备一个容易辨认的非数字时钟供孩子参考。如果孩子更熟悉数字时钟，你也可以使用数字钟面。

- **一天中的某个时间**。你可以用图说明一项任务必须在一天当中的某个时间开始或结束，例如，用太阳升起表示孩子要在早晨什么时候起床，或者用一辆校车表示离家的时间，他们必须在那之前准备好。

- **计时器**。如果任务或奖励附带了时间限制，比如，将阅读 30 分钟作为任务，将玩 30 分钟的电脑游戏作为奖励，就可以使用手动厨房计时器。给孩子演示如何设置计时器（你可以用胶带或贴纸标记准确的任务时间和奖励时间），并解释声音响起标志着时间的结束。或者，你可以教孩子在平板电脑和智能手机上使用一个免费的应用程序帮他计时（参见"电子资源内容"）。

制订图片契约

以下是制订图片契约的操作说明。

- **做好活动计划**。在开始之前，仔细思考如何让孩子参与契约的创建过程，以及如何让这成为一项有趣的活动。挑选一个对你和孩子来说都比较合适的时间——时间充足，也没有人觉得饿或累。

- **把空间分成两半**。你可以使用一张纸，也可以把几张纸粘在一起，或者使用广告板，具体怎么做取决于你需要多大的空间放置图片。左侧用于展示任务，右侧用来展示奖励。

- **在左侧附上图片说明任务**。应该用孩子最容易理解的方式展示他（执行者）正在做任务（任务行为）的情景。

- **在右侧附上图片说明奖励**。图片可能展现了一个物品或孩子正在享受一项活动，具体展现了什么内容取决于奖励是什么。同样地，使用孩子能理解且与奖励相关的图像。

如果孩子认识一些字词，你可以把它们与图片放在一起，使用孩子熟悉的字词进行简单描述。例如，如果孩子可以看懂"把玩具放在箱子里"或"洗手"是任务，而"读书"或"去公园玩"是奖励。那么就把把这些字词或短语写在契约上。

一起回顾契约内容。使用清晰的语言描述契约内容。在"宠物危机"的故事中，马娅的妈妈拉着女儿的手，指着每一张图片给她一一解释它们的含义。她是这么说的："看这个女孩是怎么和她的狗狗玩的？"

成功小窍门：

　　确保第一份契约任务的难度不大，孩子极有可能获得奖励。表扬孩子愿意尝试这项任务，并在他们得到奖励时表示祝贺。那些体验过成功并喜欢他们的第一份契约的孩子，将来会更愿意使用契约完成更有挑战性的任务。

　　通过演示和角色扮演练习做任务。马娅的妈妈向女儿演示了如何做这项任务。"瞧，马娅，看我是怎么轻轻地抚摸贝拉的？不是打。而且我也没有碰她的耳朵和尾巴。现在你来试试吧。"然后她让马娅学着做一下。

　　描述或演示奖励。如果有可能，在孩子做完角色扮演任务之后展示实际的奖励或者提供奖励（例如，给马娅读一个故事）。

　　签署契约。一旦你认为孩子充分理解了契约的每一个要素，让他们先签上自己的名字，然后让他们看着你签你的名字。如果孩子不会写字，那就先让他们看着你签署契约，然后你写下他们的名字，让他们在旁边画一个圈，或者让他们在签字处简单地画一个"×"或"~"等标记。

　　加盖家庭印章。挑选对家人有意义、容易复制且能持续使用的图案作为家庭印章。多个完全相同的贴纸不啻为一种简便的选择。家庭成员也可以设计和绘制印章，或下载并打印一个图像。

把契约放在显眼的地方作为提示。马娅的家人把"善待宠物"的契约贴在了鱼缸上。其他展示契约的常见位置有冰箱上、浴室镜上或卧室门上。如果你或孩子更喜欢把契约保存在一个隐蔽的地方，那么也可以。

如何制订契约

挑选任务

选择奖励

订立契约

履行契约

如果孩子一开始对契约法不感兴趣，你也不要很快就放弃。

在本章中，你将了解：

- 如果孩子不想尝试契约，你可以做什么

如果孩子不愿意尝试契约法

在单独或和家长一起阅读了本书前面的故事之后，许多孩子都愿意尝试契约，但也有些孩子对契约的反应平平，不为所动，更有甚者，对它充满了敌意。还有些孩子并不反对契约本身，只是不愿意改变已有的生活常规。

如果孩子出于某种原因拒绝使用契约，不要与他们争论，也不要试图强迫他们尝试。争论只会适得其反，强迫也不会起作用，二者都违背了契约法的初衷，有悖于主动积极的理念。但这并不意味着你要直接放弃。下面是一些策略，许多家长已经从其中找到了一种或多种有效的方式说服孩子尝试契约法。

忽略消极的一面，肯定积极的一面

不论孩子的行为是积极的，还是消极的，只要他们的行为得到大人的关注，这些行为就可能继续出现。如果孩子表示对尝试契约不感兴趣，尽量弱化你对孩子抗拒契约这个行为的反应，并尽可能平静地回应他。同时要全力寻找、肯定和表扬孩子对契约法的所有积极反应，哪怕只是一点点迹象。

如果孩子说"契约太无聊了"，"你永远也别想让我签约"或者"别跟我提那些愚蠢的契约"。你要保持冷静，并克制住试图说服他们的冲动。对一些孩子来说，没有什么事能比挑衅家长、陷入一场激烈的争吵更让他们感兴趣。此时你要做的是，用简短、中立的表述回应孩子，比如，"我看得出你现在对尝试契约不感兴趣"或者"好吧，我听到了"。

另一方面，如果孩子对签订契约的提议做出任何积极，甚或只是中立的回应，比如拿起这本书，看看其他家庭成员的契约，或者说类似这样的话："我想知道有没有人为……签过契约？"你对此要积极地回应。

示范与兄弟姐妹或伴侣签订契约

亲眼目睹一份成功的契约正在运转，孩子可能会从"我不情愿"转变到"我愿意试试"。在多子女家庭中，家长可以先与一个孩子签订契约，履行契约时，除了要积极地关注他取得的成功，还要大力地表扬他愿意尝试这个过程。

如果孩子是独生子女，那么父母之间也可以签订契约，为孩子树立榜样。如果是单亲家庭，爸爸或妈妈可以与一个朋友或家人签订契约。尽最大的努力让契约法看起来很有趣。如果孩子时常看到自己的兄弟姐妹或父母享受契约的乐趣，他可能会自己试一试。

如果孩子决定尝试签订一份契约，注意不要说"我告诉过你的",这会让局面变得尴尬。"欢迎加入！你希望你的第一份契约是什么？"这种方式会更有效，也更能使过程保持积极的理念。

让孩子发放奖励，你来赢得奖励

有些孩子会提防家长为他们准备的东西，特别是如果以往的互动产生了消极后果（比如，对他们的行为回以责骂、惩罚或不赞成）。在这种情况下，下面这个方法可能会对你有帮助。

告诉你的孩子："好吧，如果你认为契约不公平（没有用，不是个好主意，不会带来多大的改变，或孩子不喜欢契约的任何理由），那就跟我订一份契约吧。"在契约上明确规定你必须完成的任务，让孩子发放奖励。这样，孩子就有机会在他们可能感觉无能为力的情境中体验到一些控制权。

在参与了一份要求父母做任务的契约之后，许多孩子会意识到契约可以是公平的，也能奏效，甚至可以很有趣。在这个时候，你可以建议交换位置，发起一份指定孩子完成任务的契约。

提出自我契约

有些孩子觉得契约不可信。也许孩子会怀疑自己即便完成任务也得不到奖励。消除这种戒心的一个办法就是让孩子制订并履行一份自我契约。你需要教会孩子如何确定契约的任务和奖励。佩里在"数字问题"故事中的自我契约很好地阐释了这种操作。

此时此刻，你可能会认为孩子会选择最简单的任务和最大的奖励，但恰恰相反，大多数孩子不会这么做。事实上，研究表明，当成人允许儿童设置自己的任务和奖励标准时，他们对自己的要求有时会比成人设定的标准更严格。

如何回应"我不需要契约"

孩子可能会在抗拒契约时声称："我不需要用契约督促我做这些事情。"然而你的想法正好相反：如果没有契约，他根本不会做"这些事情"。也许是时候相信孩子说的话了，看看会发生什么。对他说："好吧，让我们看看没有契约，你能不能做到。"

即使没有契约，你也可以使用任务记录表追踪孩子的进度。你可以制作一张简单的图表或检核表，方便你或孩子记录他每次完成任务的时间。你也可以使用挂历，在孩子完成任务的每一天，在挂历上贴一张贴纸或画一个记号，如五角星或笑脸图案。你可以把任务记录在任务场所附近展示，也可以把它放在其他看得见的位置，如放在冰箱上，或者放在孩子熟悉的私人场所。

如果孩子在没有契约的情况下也能持续完成任务，一定要表扬他并庆祝一下。简单地追踪任务完成情况，并积极地关注孩子的成功，这些行为就足以激励孩子了。

成功小窍门：

在你竭尽所能地尝试之后，如果孩子仍然拒绝契约法，那也没关系。正如我们在本书开篇所说的，契约法并不是所有问题的解决之道。有的时候，其他的积极育儿法会更有效。在"在线资源"中，我们推荐了几本关于改善儿童行为和家庭关系的循证干预技术（evidence-based technique）的优秀书籍。

术语表

应用行为分析（Applied Behavior Analysis, ABA），一门致力于理解和改善人类行为的科学。更多信息可参阅本书在线资源。

孤独症或孤独症谱系障碍（Autism or Autism Spectrum Disorder, ASD），一种发展性障碍，其特征表现为在沟通和社会互动领域存在持续的挑战，以及有限、重复和刻板的行为、兴趣和活动模式。

行为（Behavior），一个人所做的任何可观察、可测量的行动。

行为分析师（Behavior analyst），经过培训和认证的专业人士，他们运用应用行为分析帮助人们改变自己的行为。想成为认证行为分析师（Board Certified Behavior Analysts, BCBAs），可登录bacb.com[1]网站了解相关信息。

---

1 编注：自2023年起，BACB不再接受除居住在美国、英国、加拿大和澳大利亚之外的个人的申请。

契约（Contract），一种书面协议，它明确规定了要执行的任务和完成任务后可以获得的奖励（也被称作行为契约或依联契约）。

契约法（Contracting），一种教学策略，针对一项有待完成的具体任务和一个在成功完成任务后获得的奖励。

条件关系（If-then relationship），契约中的任务与奖励之间的关系；如果任务完成了，那么奖励就会随之而来。

我的奖励表（My Rewards form），用来为契约确定可能的奖励的表格。孩子或家长在表中列出他们希望作为奖励的活动、物品或特殊待遇。

我的任务表（My Task form），用来为契约确定可能的任务的表格。孩子或家长列出他们当前为帮助家庭所做出的行为，以及他们将来可以帮助家人或自己的其他方式。

印章（Official seal），为彰显家庭特色而创作或挑选的小图案。契约上印上双方认可的印章就意味着这份契约对所有签署它的家庭成员都很重要。

图片契约（Picture contract），一种用插图、照片或符号表示任务和奖励的契约。

替代行为（replacement behavior），一种恰当行为，用来取代不当行为或问题行为。

奖励（Reward），在完成任务后得到的积极后果（例如，期望的物品、活动或特权）。

奖励清单（Reward menu），一份奖励列表，签约的人在成功完成契约任务后可以从中做选择。

自我契约（Self-contract），孩子通过选择任务和奖励与自己签订的契约。

任务（Task），为了获得契约上的奖励而必须做的行为。

任务记录（Task Record），契约的一部分，它可以直观地追踪任务的完成情况。

可视化活动时间表（Visual activity schedule），一组插图、照片或符号，用于显示日常活动（例如，做好上学准备）的顺序或完成单个任务（例如，整理床铺）的步骤。更多信息请参阅"在线资源"。

你的任务表（Your Tasks form），用来帮助其他家庭成员确定契约任务的表格。

契约表格

契 约

任务	奖励
•执行者：	•发放人：
•任务行为：	•奖励内容：
•时间：	•时间：
•完成标准：	•奖励细则：

周一	周二	周三	周四	周五	周一	周二	周三	周四	周五	周一	周二	周三	周四	周五

签字：＿＿＿＿＿＿＿＿　＿＿＿＿＿＿＿＿

签字：＿＿＿＿＿＿＿＿　＿＿＿＿＿＿＿＿

契约

任务	奖励
• 执行者：	• 发放人：
• 任务行为：	• 奖励内容：
• 时间：	• 时间：
• 完成标准：	• 奖励细则：

签字：_____ _____

签字：_____ _____

契约

任务

- 执行者：
- 任务行为：
- 时间：
- 完成标准：

奖励

- 发放人：
- 奖励内容：
- 时间：
- 奖励细则：

签字：_____

签字：_____

日	一	二	三	四	五	六	日	一	二	三	四	五	六	日	一	二	三	四	五	六

我的任务：

我为家里所做的事情	我还可以做什么帮助家人和自己
•	•
•	•
•	•
•	•
•	•
•	•
•	•
•	•
•	•

你的任务：

为我们家所做的事情	还可以做什么提供帮助
•	•
•	•
•	•
•	•
•	•
•	•
•	•
•	•
•	•

我的奖励:

居家活动	特殊待遇／项目
•	•
•	•
•	•
•	•

社会活动	其他
•	•
•	•
•	•
•	•

我的奖励：

我最喜欢的活动、事情和特殊待遇

-
-
-
-
-
-
-
-
-